일상에서 **AI** 만나다!

AI활용능력 - AI상식

M MYUNGJIN C&P

정화민
Hwa-Min Jeong

저자 정화민 박사는 서강대학교 대학원에서 공」학석사와 경영정보학(MIS) 박사를 취득하였고, 2018년부터 현재까지 서강대학교 정보통신대학원에서 데이터사이언스 & 인공지능 전공 겸임교수와 서강대학교 Web 3.0 기술 연구센터의 데이터 사이언스 인공지능 교수로 재직 중입니다.

2019년부터는 타우데이타 주식회사의 대표이사로 활동하며 인공지능 기반 기술 개발 및 교육에 앞장서고 있습니다. 특히, 인공지능을 활용한 쇼핑몰 상품 구매 예측, 머신러닝 기반 산업 기술 유출 예측 시스템, 수면의 질을 향상시키기 위한 AI 기반 음원 제공, 정확도가 향상된 주가 예측 플랫폼 등 다양한 분야에서 혁신적인 AI 특허기술을 개발하였습니다. 이러한 공로를 인정받아 2022년에는 과학기술정보통신부 인공지능 창업부분 장관상 대상을 수상하였습니다. 저자는 대한민국이 인공지능 분야에서 선진국가로 자리매김하는 데 기여하고자 하며, 이를 위해 인공지능, 빅데이터, 통계의 중요성을 강조하고 있습니다. 저자의 관심 분야는 바이오 헬스케어 빅데이터, 통계분석, 머신러닝, 인공지능, ICT 교육 및 창업, 정보보안 등 다양하며, 이러한 분야에서의 깊은 이해와 경험을 바탕으로 이 책을 집필하였습니다. 저자는 이 책을 통해 독자들이 인공지능의 다양한 적용 가능성을 이해하고, 실제로 활용할 수 있는 능력을 키울 수 있기를 기대합니다.

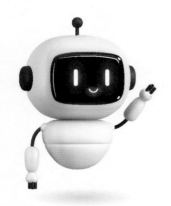

이재혁
Jae-Hyuk Lee

저자 이재혁은 인공지능 기술을 활용하여 다양한 산업에 혁신을 가져오는 ICT 서비스 기획 전문가입니다. 연세대학교 정보대학원에서 정보시스템학 석사를 취득한 후, KB국민은행과 삼성전자 등에서 AI 기반의 금융 및 가전 제품 서비스 기획을 주도해왔습니다. 그의 주요 업무는 사용자 경험을 개선하고, 기술적 가능성을 실용적인 서비스로 전환하는 것이었습니다. 특히, KB국민은행 'AI금융비서' 서비스와 삼성전자 스마트 냉장고 '패밀리 허브' 등의 다양한 프로젝트를 통해 소비자의 일상과 밀접한 디지털 변화를 이끌었습니다.

2018년부터 현재까지는 인공지능 기술을 기반으로 한 교육 및 역량 강화를 위해 초등학생 대상 AI 활용능력 자격검정의 자문위원으로 활동 중이며, 이 분야에서의 경험을 바탕으로 관련 교재를 집필하고 있습니다. 이재혁은 AI와 빅데이터가 갖는 잠재력을 보다 넓은 사용자 층에게 전달하고, 실제 적용을 통해 누구나 쉽게 접근할 수 있는 디지털 기술 활용 환경을 조성하는 데 큰 기여를 하고자 합니다. 그는 이 책을 통해 응시생들이 인공지능을 이해하고 자신의 일상과 학습에 효과적으로 통합할 수 있는 능력을 개발할 수 있기를 희망합니다.

양석원
Dicky Yang

저자 양석원은 다양하고 다변화되는 비즈니스 환경에 맞춰, 최첨단 인공지능 기술을 접목한 혁신적인 아이템들이 시장에 적용될 수 있도록 트렌드를 이끌어 가는 경영 컨설턴트입니다. 연세대학교에서 경영학(MIS) 석사 학위를 취득한 후 지난 15년 이상 현장에서 실무 프로젝트를 수행하며, 기업들의 성장을 도와주는 경영 컨설턴트로 활동하고 있습니다. 2013년부터 인도네시아를 본거지로 삼아 한국과 글로벌 기업들 간의 비즈니스 매칭을 위한 Bridge 역할을 해 왔으며, 2019년부터는 제주창조경제혁신센터에서 스타트업의 비즈니스 모델 개발 및 사업화 멘토링을 수행하였습니다. 현재도 스타트업 및 중소기업들의 글로벌 기반 성장을 위해 다방면으로 경영 자문을 제공하고 있습니다.

자율주행 시스템 및 AI 기술 기반 스타트업들과 함께 민간기업 및 공공기관과 협업하여 다양한 프로젝트를 기획 및 수행하였고, 관련 해외 스타트업들과의 협업 및 네트워킹을 통해 인공지능 기술 및 산업의 발전을 위해 힘써 왔습니다. 앞으로도 인공지능 산업의 지속적인 발전에 따라, 인공지능과 경영을 융합하여 기업들이 혁신적이고 지속 가능한 성장을 이루도록 돕는 데 크게 기여하고자 하며, 인공지능 기술들이 경영 활동뿐만 아니라 사회 전반에서도 긍정적인 영향을 미칠 수 있기를 바랍니다.

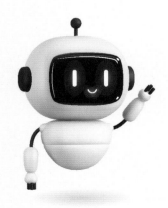

종목소개

■ 정보통신기술자격검정

정보통신기술자격검정(KAIT-CP)은 방송통신발전기본법에 근거해서 설립한 한국정보통신진흥협회(KAIT)에서 운영하는 자격제도로서 ICT분야별로 기본적인 소양부터 전문기술까지 인적자원의 개발 및 평가를 통해 실생활과 산업현장에서 필요한 공정하고 신뢰할 수 있는 ICT분야 자격검정의 가치를 확고히 다져나아가겠습니다.

■ AI활용능력(AIT / AI Ability Test)

- 디지털 신기술의 발전에 따라 AI 기술의 주요 분야에 대한 기초 상식부터 프롬프트 엔지니어, 프로그래밍, 서비스기획에 대한 능력을 검증하는 자격종목
- AI상식은 AI 일반지식 및 생성형AI 활용, 윤리 및 정보보호에 대한 능력 검증
- 프롬프트 엔지니어는 생성형AI의 분석 및 기획, 모델링에 대한 능력 검증
- 프로그래밍은 데이터 분석 및 전처리, 머신러닝, 딥러닝에 대한 능력 검증
- 서비스기획은 AI 서비스 기획 기초 및 방법론, 활용에 대한 능력 검증

■ 필요성

- AI 기초상식 배양을 통한 AI 활용 능력 향상 및 정보 유출 등의 피해 예방
- 생성형AI의 분석 및 모델링 등의 지식을 기반으로 실생활에서 생성형AI 활용 능력과 산업현장에서의 업무의 효율성 향상
- 프로그래밍과 서비스기획 능력 향상을 통하여 산업별·업종별 상황에 맞는 AI 모델 발굴 및 개발을 진행하여 업무의 효율성 향상

■ 자격종류

- 자격구분 : 민간등록자격
- 등록번호
  - AI상식 : 2024-002660
  - 프롬프트엔지니어 : 2024-003054
  - 프로그래밍 : 2024-003053
  - 서비스기획 : 2024-003052
- 상기 자격은 자격기본법 규정에 따라 등록한 민간자격으로, 국가로부터 인정받은 공인자격이 아닙니다.
- 민간자격 등록 및 공인 제도에 대한 상세내용은 민간자격정보서비스(www.pqi.or.kr)의 '민간자격 소개'란을 참고하여주십시오.

■ 시험과목

종목	등급	검정과목	검정방법	문항수	시험시간	배점	합격기준
AI상식	-	• AI일반지식 • 생성형AI 기초 및 활용 • AI 윤리 및 정보보호	객관식 (사지택일)	40문항	40분	100점	60점 이상
프롬프트엔지니어 (비대면)	1급	• 분석 및 모델링 • 모델링 적용 및 구축	객관식 (사지택일)	80문항	90분		
			단답식	5문항			
	2급	• 기초 이해 및 개요 • 활용사례 연구 • 연구분석 및 기획	객관식 (사지택일)	60문항	60분		

■ 응시자격

• 학력, 연령, 경력 제한 없음

시험내용

■ 출제기준

구분	등급	과목	대분류	주요 내용
AI상식	-	AI일반지식	AI 개념 및 이해	• AI의 정의 및 역사 • 주요 AI기술 및 현재 동향 • 인공지능의 기초이론 • 데이터과학 및 분석
			활용사례	• 산업별 AI 활용 사례 • 일상생활에서의 AI 활용 • 미래 전망 및 잠재적 영향력
		생성형AI 기초 및 활용	개념 및 이해	• 생성형 AI 개념 및 종류 ※ ChatGPT, Bard, 클로바
			활용사례	• 문서작성 • 이미지 생성
		AI 윤리 및 정보보호	개념 및 이해	• 편향성 • 오류 및 안전성 • 악용 • 개인정보 및 저작권 침해 • 킬러로봇
			활용사례	• 윤리 침해 사례 • 개인정보 침해 사례

구분	등급	과목	대분류	주요 내용
프롬프트 엔지니어	1급	분석 및 모델링	엔지니어 심화	• 언어모델 고급 • 프롬프트 고급
		모델링 적용 및 구축	엔지니어 적용	• 적합 모델 분석 • 태스크별 모델 적용 상세 • 모델 운영
			문제해결 방법	• 알고리즘 및 논리사고 • 데이터 분석기술
	2급	기초 이해 및 개요	개념 및 이해	• 생성형 AI의 이해 • 생성형 AI의 종류 • LLM의 기능 및 역사
			엔지니어 개요	• 디자인 프레임워크 • 확장 테크닉 및 보안
		활용사례 연구	국내외 활용사례	• 국내 활용사례 • 해외 활용사례
			도입효과	• 업무 생산성 향상 • 투입 비용 절감
		분석 및 기획	엔지니어 기초	• 생성조건 이해, 자연어 처리 • 액팅&포맷팅, 체이닝
			엔지니어 적용	• 적합 모델 개요 및 사례 • 상황/목적별 목표값 도출 • 운영비용 최적화

응시지역 및 수수료

■ 응시지역 및 비용

종목	등급	검정응시료	응시지역	응시자격
AI상식	–	20,000원	전국	제한없음
프롬프트엔지니어	1급	70,000원	전국 (비대면)	
	2급	50,000원		

• 자격증 발급수수료 : 5,800원(배송료 포함)

  * 정보이용료별도 : 신용카드/계좌이체 650원, 가상계좌입금 300원

• 연기 및 환불 규정

  – 접수기간 ~ 시험 당일10일 전 : 신청서 제출 시 연기 또는 응시비용 전액 환불

  – 시험일 9일 전 ~ 시험 당일 : 신청서 및 규정된 사유의 증빙서류 제출 시 연기 및 응시비용 전액 환불

  – 시험일 이후 : 환불 불가

시험일정

■ 정기검정 일정

종목	등급	회차	접수일자	시험일자	합격자 발표
AI상식	–	2401회	07.15.(월) ~ 07.24.(수)	08.24.(토)	09.13.(금)
		2402회	09.16.(월) ~ 09.25.(수)	10.26.(토)	11.15.(금)
		2403회	11.11.(월) ~ 11.20.(수)	12.21.(토)	2025.01.10.(금)
프롬프트엔지니어 (비대면)	1급	2401회	11.11.(월) ~ 11.20.(수)	12.21.(토)	2025.01.10.(금)
	2급	2401회	08.19.(월) ~ 08.28.(수)	09.28.(토)	10.18.(금)
		2402회	11.11.(월) ~ 11.20.(수)	12.21.(토)	2025.01.10.(금)

※ 시험장 및 교시운영은 운영상황에 따라 변동 가능
※ 수험표출력 : 시험일자로부터 5일 전

■ AI상식 입실 및 시험시간

교시	입실완료시간	시험시간
1교시	08:50	09:00 ~ 09:40 (40분)

※ 시험실에는 수험생만 입실할 수 있으며, 입실완료시간 이후 절대 입실불가

■ 프롬프트엔지니어 입실 및 시험시간

등급	입실완료시간	시험시간
1급	13:50	14:00 ~ 15:30 (90분)
2급	13:50	14:00 ~ 15:00 (60분)

※ 프롬프트 엔지니어는 비대면 검정으로 진행되며, 입실완료시간 이후 절대 입실불가

목차

I.

AI
일반 지식

1. AI 개념 및 이해

가. AI 정의 및 역사

1) 인공지능의 중요성

인공지능(AI)은 현대 기술의 중심에 있으며, 다양한 산업에서 혁신을 이끌고 있습니다. AI는 의료, 금융, 교육, 엔터테인먼트 등 여러 분야에서 활용되며, 우리의 일상생활과 산업 전반에 큰 영향을 미치고 있습니다. 즉, 경제적, 사회적, 과학적 분야에서 중요한 역할을 하고 있으며, 우리의 삶을 크게 변화시키고 있습니다. 그러나 이러한 기술의 발전은 윤리적 문제와 사회적 도전을 동반하기 때문에, 신중하고 책임 있는 접근이 필요합니다. AI의 잠재력을 최대한 활용하기 위해서는 기술적 혁신과 더불어 윤리적 고려와 규제도 병행되어야 합니다.

[그림 Ⅰ-1] 인간 사회에서의 인공지능 (ChatGPT4)

위 이미지는 첨단 기술과 AI의 활용을 묘사한 장면입니다.

[1] 경제적 영향

① 생산성 향상

AI 기술은 자동화와 효율성 향상을 통해 생산성[1]을 크게 증가시킬 수 있습니다. 예를 들어, 제조업에서는 로봇과 AI 시스템이 인간의 작업을 보조하거나 대체하여 더 빠르고 정확한 생산을 가능하게 합니다.

[그림 Ⅰ-2] 인공지능의 경제적 영향 (ChatGPT4)

왼쪽 이미지는 첨단 기술이 도입된 자동차 제조 공장의 장면을 묘사하고 있습니다. 오른쪽 이미지는 AI 기술을 활용하여 데이터 분석과 연구를 진행하는 현대적인 오피스 환경을 묘사하고 있습니다.

② 새로운 산업과 일자리 창출

AI는 새로운 산업과 일자리를 창출하는 데 기여합니다. 데이터 과학자, 머신 러닝 엔지니어, AI 연구원 등 AI 관련 직업의 수요가 증가하고 있으며, 새로운 비즈니스 모델과 스타트업도 AI 기술을 기반으로 생겨나고 있습니다.

---

1) AI 기술은 자동화, 예측 분석, 개인화, 의사 결정 지원, 반복 작업의 간소화 등을 통해 다양한 산업에서 효율성과 생산성을 크게 향상시킬 수 있습니다. 이를 통해 기업은 비용을 절감하고, 더 나은 품질의 제품과 서비스를 제공하며, 전반적인 작업 과정을 개선할 수 있습니다. 결국 고객 만족도를 높이며, 전반적인 경쟁력을 강화할 수 있습니다.

[2] 사회적 영향

① 생활의 질 향상

AI는 일상생활에서 편리함과 효율성을 제공합니다. 스마트폰의 가상 비서, 스마트 홈 시스템, 자율주행 자동차 등은 AI 기술을 통해 사용자 경험을 개선하고 일상생활을 더 편리하게 만듭니다.

[그림 Ⅰ-3] 인공지능의 사회적 영향 (ChatGPT4)

왼쪽 이미지는 AI 기술을 활용하여 스마트폰으로 제어하는 스마트 홈 환경을 보여줍니다. 오른쪽 이미지는 AI를 활용한 의료 환경에서 의사가 환자의 데이터를 분석하고 진단하는 모습을 보여줍니다.

② 의료 혁신

AI는 의료 분야에서 혁신적인 변화를 가져오고 있습니다. AI 기반의 진단 도구, 개인화된 치료 계획, 유전자 분석 등은 질병을 조기에 발견하고 효과적으로 치료하는 데 도움을 줍니다.

[3] 과학과 연구

① 데이터 분석과 연구 가속화

AI는 방대한 양의 데이터를 빠르게 분석하고 의미 있는 패턴을 발견하여 과학 연구를 가속화합니다. 이는 새로운 발견과 혁신을 촉진하며, 다양한 연구 분야에서 중요한 역할을 합니다.

[그림 Ⅰ-4] 인공지능의 과학과 연구에 대한 영향 (ChatGPT4)

왼쪽 이미지는 AI와 첨단 기술을 활용하여 우주를 연구하는 과학자들의 모습을 보여줍니다. 오른쪽 이미지는 AI와 첨단 기술을 사용하여 지구 환경을 연구하고 분석하는 과학자들의 모습을 보여줍니다.

② 시뮬레이션과 예측

AI는 복잡한 시스템의 시뮬레이션과 예측에 사용됩니다. 기후 변화 모델링, 경제 예측, 생물학적 시스템 시뮬레이션 등 다양한 분야에서 AI는 중요한 도구로 활용됩니다.

(4) 윤리적 및 사회적 도전

① 프라이버시와 보안

AI의 발전은 개인정보 보호와 보안 문제를 야기할 수 있습니다. 대규모 데이터 수집과 분석이 이루어지는 과정에서 개인의 프라이버시가 침해될 수 있으며, 이러한 데이터를 보호하는 것이 중요합니다.

[그림 I-5] 인공지능의 윤리적/사회적 도전 (ChatGPT4)

왼쪽 이미지는 AI와 감시 시스템이 도시의 사람들을 모니터링하는 장면을 보여줍니다. 오른쪽 이미지는 AI를 활용한 채용 과정에서 면접을 진행하는 모습을 보여줍니다.

② 공정성과 편향

AI 시스템이 사용하는 데이터의 편향성은 불공정한 결과를 초래할 수 있습니다. 이는 특정 그룹에 대한 차별을 강화할 수 있으며, 이를 방지하기 위한 윤리적 가이드라인과 규제가 필요합니다.

2) 인공지능의 정의

(1) 인공지능의 개념

인공지능은 컴퓨터 시스템이 인간의 지능적 행동을 모방하거나 재현할 수 있도록 하는 기술이며, 일반적으로 기계가 인간과 유사한 인지 능력을 발휘할 수 있는 능력을 의미합니다. 인공지능은 데이터를 분석하고 패턴을 찾아내며, 의사결정과 문제 해결 능력을 향상시키기 위해 사용됩니다.

(2) 철학적 관점

① 튜링 테스트

앨런 튜링은 1950년 "Computing Machinery and Intelligence"라는 논문에서 튜링 테스트를 제안했습니다. 튜링 테스트는 기계가 인간과 구별되지 않도록 대화할 수 있는지 평가하는 방법입니다. 이 테스트는 기계가 인간과 유사한 지능을 가지고 있는지를 판단하는 기준으로 사용됩니다.

[그림 Ⅰ-6] 철학적 관점의 인공지능 (ChatGPT4)

왼쪽 이미지는 연구소에서 인간과 로봇이 대화하며 협력하는 모습을 보여줍니다. 오른쪽 이미지는 존 설의 "중국어 방" 사고 실험을 시각적으로 표현한 장면을 보여줍니다.

② 인공지능의 본질

존 설의 "중국어 방" 논증[2]은 인공지능의 철학적 문제를 제기합니다. 설은 기계가 단순히 규칙에 따라 작동할 뿐 진정한 이해나 의식을 가질 수 없다는 주장을 통해 강한 AI(AGI)의 가능성을 비판했습니다.

---

2) 존 설의 "중국어 방" 논증은 인공지능의 철학적 문제를 제기하며, 기계가 진정한 이해를 가질 수 있는지에 대한 논쟁을 불러일으켰습니다. 이 논증은 1980년 존 설(John Searle)에 의해 제안되었으며, 특히 강한 인공지능(Strong AI) 개념에 대한 반박으로 유명합니다. 존 설의 "중국어 방" 논증은 기계가 인간처럼 지능적 행동을 할 수 있지만, 이는 진정한 이해를 의미하지는 않는다는 것을 강조합니다. 이 논증은 인공지능 철학에서 중요한 위치를 차지하며, AI 연구의 한계와 가능성에 대한 깊은 논의를 촉발시켰습니다.

〔3〕 기술적 관점

① 약한 인공지능 (ANI)

약한 인공지능은 특정 작업을 수행하도록 설계된 시스템으로, 현재 대부분의 상용 AI가 이에 해당합니다. 예를 들어, 음성 인식, 이미지 분석, 게임 플레이 AI 등이 포함됩니다.

② 강한 인공지능 (AGI)

강한 인공지능은 인간과 유사한 수준의 지능을 가지며, 다양한 과제를 수행할 수 있는 능력을 목표로 합니다. 현재 연구 단계에 있으며, 실제 구현에는 많은 어려움이 있습니다.

[그림 Ⅰ-7] 기술적 관점의 인공지능 (ChatGPT4)

왼쪽 이미지는 특정 작업을 수행하는 약한 인공지능(Weak AI)을 다양한 응용 분야에서 활용하는 모습을 보여줍니다. 오른쪽 이미지는 데이터 분석과 신경망을 활용하여 복잡한 문제를 해결하는 연구소의 모습을 보여줍니다.

③ 머신 러닝과 딥 러닝

AI의 핵심 기술인 머신 러닝과 딥 러닝은 데이터를 통해 학습하고 패턴을 인식하는 방법입니다. 머신 러닝은 다양한 알고리즘을 사용하여 데이터를 분석하고, 딥 러닝은 다층 신경망을 통해 복잡한 패턴을 학습합니다.

[4] 응용적 관점

① 자율주행

자율주행 자동차는 AI를 사용하여 환경을 인식하고, 경로를 계획하며, 차량을 제어합니다. 이는 컴퓨터 비전, 센서 데이터 처리, 강화 학습 등 다양한 AI 기술을 통합합니다.

② 의료

AI는 질병 진단, 치료 계획 수립, 의료 영상 분석 등에 활용됩니다. 예를 들어, AI 기반 시스템은 방대한 의료 데이터를 분석하여 진단 정확도를 향상시킵니다.

[그림 Ⅰ-8] 응용적 관점의 인공지능 (ChatGPT4)

왼쪽 이미지는 AI 기술을 활용한 자율 주행 자동차가 도시를 주행하는 모습을 보여줍니다. 오른쪽 이미지는 AI와 첨단 기술을 활용한 의료 환경에서 의사들이 환자를 진단하고 치료하는 모습을 보여줍니다.

③ 금융

AI는 금융 거래 분석, 신용 평가, 사기 탐지 등에 사용됩니다. 머신 러닝 모델은 과거 데이터를 분석하여 금융 시장의 변동을 예측하고, 위험을 관리합니다.

(5) 윤리적 관점

① 편향성과 공정성3)

AI 시스템은 훈련 데이터의 편향성을 반영할 수 있으며, 이는 공정성 문제를 초래할 수 있습니다. AI가 편향된 데이터를 학습하면 그 결과물 또한 편향될 수 있으며, 이는 특정 그룹에 대한 차별적 결과를 초래할 수 있습니다. 이러한 편향성과 공정성 문제는 AI의 설계와 활용에서 중요한 윤리적 이슈로 대두되고 있습니다.

② 개인정보 보호

AI는 대량의 데이터를 수집하고 분석하는 과정에서 개인정보 보호 문제가 발생할 수 있습니다. 데이터 수집과 사용에 대한 윤리적 기준과 규제가 필요합니다.

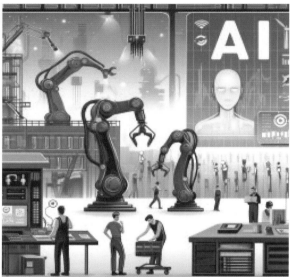

[그림 Ⅰ-9] 윤리적 관점의 인공지능 (ChatGPT4)

왼쪽 이미지는 AI와 보안 시스템이 결합된 환경에서 사람들이 데이터 보호와 개인정보 관리에 대해 논의하는 모습을 보여줍니다. 오른쪽 이미지는 AI와 로봇 기술이 도입된 현대적인 공장에서 작업자들이 협력하여 일하는 모습을 보여줍니다.

---

3) AI 시스템의 편향성과 공정성 문제는 단순한 기술적 문제를 넘어 사회적, 윤리적 문제로 다뤄져야 합니다. 예를 들어, 채용을 하는 과정에서 특정 인종, 성별 또는 연령대의 지원자를 불공정하게 평가하여 법적 문제 뿐만 아니라 사회적 신뢰도와 기업의 평판에도 악영향을 미칠 수 있습니다. 혹은 범죄를 미리 예측하는 과정에서 과거의 범죄 데이터가 특정 인종이나 사회 경제적 배경을 가진 사람들에 대한 편견을 포함하고 있다면, AI는 이러한 편견을 학습하게 되어 특정 인종이나 지역에 대해 과도하게 높은 범죄 가능성을 예측하는 결과를 초래할 수 있습니다. 이를 해결하기 위해서는 다양한 데이터의 사용, 편향 감지 및 수정, 투명성과 책임성 확보, 윤리적 교육 등이 필요합니다. 이를 통해 AI 시스템이 공정하고 포괄적인 결정을 내리도록 보장할 수 있습니다.

③ 자동화와 일자리

AI의 발전으로 인한 자동화는 일자리 감소를 초래할 수 있습니다. 이는 경제적 불평등을 심화시킬 수 있으며, 이에 대한 사회적 대응이 필요합니다.

3) 인공지능 발전 배경

인공지능(AI)의 발전 배경은 여러 가지 기술적, 사회적, 경제적 요인들이 복합적으로 작용한 결과입니다. 이러한 배경을 기술 발전, 데이터 폭증, 계산 능력의 향상, 학문적 발전, 그리고 사회적 필요성 등으로 나누어 설명하겠습니다.

(1) 기술 발전

① 컴퓨터 과학의 발전

컴퓨터 과학의 발전은 AI 연구의 기초가 되었습니다. 20세기 중반부터 컴퓨터 과학이 급속히 발전하면서, 컴퓨터의 연산 능력과 데이터 저장 능력이 향상되었습니다. 이는 AI 연구자들이 더 복잡한 알고리즘을 개발하고 테스트할 수 있게 했습니다.

[그림 Ⅰ-10] 컴퓨터 과학의 발전 (ChatGPT4)

왼쪽 이미지는 컴퓨터 기술의 발전 과정을 보여주며, 과거의 컴퓨터부터 현대의 고성능 서버와 함께 이를 활용하는 사람들이 작업하는 모습을 나타냅니다. 오른쪽 이미지는 첨단 컴퓨터 시스템과 서버를 사용하여 데이터 분석 및 연구를 수행하는 연구소의 모습을 보여줍니다.

(2) 데이터 폭증

① 인터넷과 빅데이터

인터넷의 보급과 디지털화의 진행으로 대량의 데이터가 생성되고 저장되었습니다. 빅데이터는 AI 시스템이 학습하고 예측할 수 있는 풍부한 자료를 제공하며, 데이터의 양과 질이 AI 성능을 크게 좌우합니다. 빅데이터의 등장은 AI 모델의 정확도와 효율성을 높이는 데 필수적입니다.

[그림 Ⅰ-11] 인터넷과 빅데이터 (ChatGPT4)

왼쪽 이미지는 첨단 서버와 AI 기술을 활용하여 전 세계 데이터를 분석하고 연구하는 모습을 보여줍니다. 오른쪽 이미지는 데이터 센터에서 AI와 첨단 기술을 활용하여 글로벌 데이터를 분석하고 관리하는 모습을 보여줍니다.

(3) 계산 능력의 향상

① 고성능 컴퓨팅

그래픽 처리 장치(GPU)[4]와 같은 고성능 하드웨어의 발전은 대규모 데이터 처리를 가능하게 했습니다. 특히, 딥 러닝 모델의 훈련에는 막대한 계산 능력이 필요하며, 이는 GPU와 같은 고성능 컴퓨팅 자원의 발전 덕분에 가능해졌습니다. 고성능 컴퓨팅 자원은 복잡한 신경망 모델을 훈련시키는 데 필수적입니다.

[그림 Ⅰ-12] 고성능 컴퓨팅 (ChatGPT4)

왼쪽 이미지는 첨단 서버와 양자 컴퓨팅 기술을 사용하여 데이터 분석과 복잡한 연산을 수행하는 연구자들의 모습을 보여줍니다. 오른쪽 이미지는 고성능 컴퓨팅 서버와 AI 기술을 활용하여 데이터 분석과 연구를 수행하는 연구자들의 모습을 보여줍니다.

---

4) 그래픽 처리 장치(Graphics Processing Unit, GPU)는 컴퓨터에서 그래픽을 처리하는 데 특화된 장치입니다. GPU는 대규모 데이터와 복잡한 계산을 동시에 처리할 수 있는 능력을 가지고 있어, 그래픽 렌더링뿐만 아니라 인공지능(AI)과 데이터 분석 등 다양한 분야에서도 널리 사용되고 있습니다. 중앙 처리 장치인 CPU(Central Processing Unit)는 다양한 작업을 순차적으로 빠르게 처리하는 데 최적화되어 있는 반면, GPU는 많은 작업을 동시에 처리하는 데 특화되어 있어 병렬 처리가 필요한 작업에서 강력한 성능을 발휘합니다.

[4] 학문적 발전

① 알고리즘과 이론의 발전

AI의 기초가 되는 알고리즘과 이론이 발전하면서, 더욱 정교하고 효율적인 AI 시스템이 개발되었습니다. 특히, 머신 러닝과 딥 러닝 알고리즘의 발전은 AI의 성능을 크게 향상시켰습니다. 알고리즘과 이론의 발전은 AI 연구의 토대를 제공하며, 새로운 기술적 돌파구를 가능하게 합니다.

[그림 Ⅰ-13] 알고리즘과 이론의 발전 (ChatGPT4)

왼쪽 이미지는 복잡한 데이터 구조와 알고리즘을 연구하고 분석하는 데이터 과학자들의 모습을 보여줍니다. 오른쪽 이미지는 AI와 데이터 분석을 통해 복잡한 과학적 문제를 연구하는 과학자들과 연구원들의 모습을 보여줍니다.

[5] 사회적 필요성

① 자동화와 효율성

산업과 경제의 발전에 따라 자동화와 효율성의 필요성이 증가했습니다. AI는 다양한 분야에서 자동화된 솔루션을 제공하며, 생산성 향상과 비용 절감을 가능하게 합니다. AI의 자동화 능력은 특히 제조업, 물류, 서비스업 등에서 큰 경제적 이점을 제공합니다.

[그림 Ⅰ-14] 사회적 필요성 (ChatGPT4)

왼쪽 이미지는 AI와 데이터를 활용하여 다양한 과학 및 의료 연구를 수행하는 연구자들의 모습을 보여줍니다. 오른쪽 이미지는 AI와 로봇 기술이 적용된 첨단 제조 공장에서 작업자들이 협력하여 일하는 모습을 보여줍니다.

② 문제 해결

AI는 복잡한 문제를 해결하는 데 효과적입니다. 의료 진단, 금융 예측, 기후 모델링 등 다양한 분야에서 AI는 인간이 접근하기 어려운 문제들을 해결하는 데 중요한 도구로 사용되고 있습니다. AI의 문제 해결 능력은 복잡한 데이터 분석과 예측을 필요로 하는 분야에서 매우 유용합니다.

4) 인공지능의 역사

(1) 초기 개념과 발전 (1950년대 이전)

① 앨런 튜링과 튜링 테스트

1950년, 앨런 튜링(Alan Turing)은 "컴퓨터 기계와 지능"이라는 논문에서 튜링 테스트 개념을 소개했습니다. 이는 기계가 인간처럼 지능적으로 행동할 수 있는지를 평가하는 방법입니다. 튜링 테스트는 인공지능 연구의 중요한 기초를 마련했으며, 기계가 인간과 구별되지 않도록 대화할 수 있는지를 평가합니다.

[그림 Ⅰ-15] 튜링 테스트 (ChatGPT4)

위 이미지는 앨런 튜링이 튜링 테스트에 대해 강의하는 모습을 보여줍니다.

튜링 테스트의 기본 개념은 다음과 같습니다:

- 익명의 인터페이스를 통해 인간 평가자가 한쪽에는 인간, 다른 한쪽에는 기계가 있는 상황에서 질문을 합니다.
- 평가자는 답변을 통해 어느 쪽이 인간인지 맞추려 합니다.
- 기계가 평가자를 혼동시켜 인간과 구별되지 않게 할 수 있다면, 그 기계는 지능적이라고 간주됩니다.

튜링 테스트는 오늘날에도 인공지능 연구에서 지능의 측정을 위한 중요한 기준으로 사용되고 있습니다.

② 존 맥카시와 다트머스 회의

1956년, 다트머스 회의에서 존 맥카시(John McCarthy)가 "인공지능"이라는 용어를 처음 사용했습니다. 이 회의는 AI 연구의 시작점으로 간주됩니다. 다트머스 회의는 AI의 공식적인 출발점으로, AI 연구의 기초를 확립했습니다.

[그림 Ⅰ-16] 존 맥카시와 다트머스 회의 (ChatGPT4)

위 이미지는 1956년 다트머스 회의에서 인공지능 연구의 출발점이 된 중요한 논의를 진행하는 과학자들의 모습을 보여줍니다.

다트머스 회의의 주요 내용:
- **AI 용어의 탄생** : "Artificial Intelligence"라는 용어가 이 회의에서 처음으로 제안되고 사용되었습니다.
- **연구의 출발점** : AI 연구를 독립된 학문으로 자리 잡게 한 첫 번째 중요한 회의였습니다.
- **참여자들** : 존 맥카시를 비롯해 마빈 민스키(Marvin Minsky), 나다니엘 로체스터(Nathaniel Rochester), 클로드 섀넌(Claude Shannon) 등 당시의 선구적인 과학자들이 참석했습니다.
- **목표** : 인간의 학습과 지능을 기계가 모방할 수 있는 방법을 연구하는 것이었습니다.

다트머스 회의는 인공지능의 역사에서 중요한 이정표로, 이후 수십 년간 AI 연구의 방향을 제시했습니다.

[2] 기초 연구 및 초기 시스템 (1950~1970년대)

① 로직과 탐색 알고리즘

초기 AI 연구자들은 논리와 탐색 알고리즘을 사용하여 퍼즐 해결, 게임 플레이 등 간단한 문제들을 해결하는 시스템을 개발했습니다. 이러한 초기 시스템은 제한된 범위에서 성공을 거두었지만, 복잡한 문제를 해결하는 데는 한계가 있었습니다.

② 엘리자(ELIZA)

1960년대에 개발된 엘리자[5]는 최초의 대화형 컴퓨터 프로그램으로, 심리치료사 역할을 모방했습니다. 엘리자는 자연어 처리의 초기 예시로, 사용자가 입력한 텍스트를 분석하고 응답하는 방식으로 작동했습니다.

[그림 Ⅰ-17] 엘리자 (ChatGPT4)

위 이미지는 1960년대에 개발된 최초의 대화형 컴퓨터 프로그램인 엘리자(ELIZA)를 사용하는 모습을 보여줍니다.

---

5) 엘리자는 초기 AI 연구에서 중요한 역할을 했으며, 인간과 컴퓨터 간의 대화 가능성을 보여주었습니다. 자연어 처리(NLP) 분야의 기초를 마련하였으며, 이후 개발된 많은 대화형 AI 시스템의 기반이 되었습니다. 사람들에게 컴퓨터와의 대화가 가능하다는 것을 보여주며, 컴퓨터 과학과 심리학에 큰 영향을 미쳤습니다. 엘리자는 비록 단순한 구조였지만, 컴퓨터가 사람과 대화할 수 있다는 가능성을 열어주었으며, 자연어 처리와 대화형 AI 시스템의 발전에 중요한 기여를 하였습니다.

(3) AI의 겨울 (1970~1980년대)

① 기대와 현실의 차이

초기 AI 연구에 대한 지나친 기대와 기술적 한계로 인해, AI 연구에 대한 관심과 자금 지원이 줄어드는 "AI의 겨울" 시기가 발생했습니다. AI의 겨울은 AI 연구가 지속적으로 발전하기 위한 교훈을 제공했으며, 연구자들이 더 현실적인 목표를 설정하도록 했습니다.

[그림 Ⅰ-18] AI의 겨울 (ChatGPT4)

위 이미지는 1970년대에서 1980년대까지의 "AI의 겨울" 시기를 보여주며, 인공지능 연구에 대한 관심과 자금 지원이 줄어든 모습을 나타냅니다.

(4) 신경망과 전문가 시스템 (1980~1990년대)

① 신경망의 재발견

1980년대에 들어서면서 인공 신경망 연구가 활발해졌고, 이는 현대 딥 러닝의 기초가 되었습니다. 인공 신경망은 생물학적 신경망을 모방한 것으로, 데이터의 패턴을 학습하고 예측하는 데 효과적입니다.

② 전문가 시스템

특정 도메인에서 인간 전문가의 지식을 모방하는 시스템이 개발되었습니다. 이는 의료, 공학 등 다양한 분야에서 활용되었습니다. 전문가 시스템은 특정 문제 해결에 있어 큰 성과를 거두었으며, 이후의 AI 발전에 중요한 역할을 했습니다.

(5) 인터넷과 데이터 폭증 (2000년대 이후)

① 빅 데이터와 계산 능력의 향상

인터넷의 발전과 데이터의 폭증, 계산 능력의 향상으로 AI 연구가 급격히 발전했습니다. 빅 데이터는 AI 모델의 성능을 향상시키는 데 중요한 역할을 하며, 고성능 컴퓨팅 자원은 복잡한 연산을 가능하게 했습니다.

② 딥 러닝의 부상

2010년대에는 딥 러닝 기술이 급격히 발전하여 이미지 인식, 음성 인식 등에서 큰 성과를 거두었습니다. 딥 러닝은 다층 신경망을 활용하여 복잡한 데이터의 패턴을 학습하는 기술로, 현재 많은 AI 응용 분야에서 핵심 기술로 사용되고 있습니다.

(6) 현대 AI와 응용 (2010년대 이후)

① 자율주행 자동차, 음성 비서, 챗봇

현대 AI는 자율주행 자동차, 스마트폰 음성 비서, 고객 서비스 챗봇 등 다양한 실생활 응용 분야에서 사용되고 있습니다. 이러한 응용 분야는 AI의 실제 활용 가능성을 보여주며, 일상 생활에 직접적인 영향을 미치고 있습니다.

② 윤리적 및 사회적 문제

AI 기술의 발전과 함께 윤리적 문제와 사회적 영향에 대한 논의도 활발히 이루어지고 있습니다. AI의 윤리적 문제는 개인 정보 보호, 고용 문제, 편향성 등 다양한 측면에서 중요하게 다뤄지고 있습니다.

나. 인공지능 주요 기술

인공지능(AI)의 주요 기술은 여러 분야에 걸쳐 다양하게 발전해왔습니다. 각 기술은 특정 문제를 해결하거나 특정 작업을 수행하는 데 사용됩니다. 여기서는 머신 러닝, 딥 러닝, 자연어 처리(NLP), 컴퓨터 비전, 강화 학습 등 주요 AI 기술을 설명하겠습니다.

1) 머신 러닝 (Machine Learning)

(1) 개념

머신 러닝은 컴퓨터가 명시적인 프로그래밍 없이 데이터로부터 학습하는 능력을 의미합니다. 머신 러닝 알고리즘은 데이터의 패턴을 인식하고, 이를 바탕으로 예측하거나 결정을 내립니다. 머신 러닝은 데이터 기반 학습 방법으로, 지도 학습, 비지도 학습, 준지도 학습, 강화 학습 등 다양한 접근 방식이 있습니다.

[그림 Ⅰ-19] 머신 러닝 (ChatGPT4)

위 이미지는 로봇 교사가 어린 학생들에게 머신 러닝 알고리즘에 대해 가르치는 교실 장면을 보여줍니다.

[2] 알고리즘

- **선형 회귀** (Linear Regression) : 데이터 사이의 직선적 관계를 모델링합니다.
- **로지스틱 회귀** (Logistic Regression) : 이진 분류 문제를 해결하는 데 사용됩니다.
- **의사결정 나무** (Decision Trees) : 데이터를 분할하여 결정 규칙을 만드는 트리 구조의 모델입니다.
- **서포트 벡터 머신** (Support Vector Machines) : 분류 및 회귀 분석에 사용되는 강력한 모델입니다.
- **군집화** (Clustering) : 비지도 학습 방법으로, 데이터를 유사성에 따라 그룹으로 나눕니다.

[3] 머신 러닝의 작동 방식

① 데이터 수집

먼저, 컴퓨터가 학습할 많은 데이터를 모읍니다. 예를 들어, 강아지와 고양이 사진을 구별하는 프로그램을 만든다면, 많은 강아지 사진과 고양이 사진이 필요합니다.

② 학습

컴퓨터는 이 데이터를 사용하여 학습을 시작합니다. 이 과정에서 컴퓨터는 데이터 속에서 규칙을 찾습니다. 강아지 사진과 고양이 사진의 차이를 배우는 것입니다.

- **지도 학습** : 데이터와 함께 정답을 제공합니다.
  예 강아지 사진에는 "강아지"라고 표시하고, 고양이 사진에는 "고양이"라고 표시합니다. 컴퓨터는 이러한 데이터를 보고 배웁니다.
- **비지도 학습** : 정답 없이 데이터만 제공합니다.
  예 많은 사진을 제공하고 컴퓨터가 스스로 비슷한 것끼리 묶어서 그룹을 만듭니다.
- **강화 학습** : 컴퓨터가 어떤 행동을 할 때마다 보상이나 벌을 받습니다.
  예 게임에서 컴퓨터가 좋은 움직임을 하면 점수를 받고, 나쁜 움직임을 하면 점수를 잃습니다. 컴퓨터는 점수를 많이 얻기 위해 학습합니다.

③ 예측

컴퓨터가 학습을 마치면, 새로운 데이터를 보고 예측할 수 있습니다. 예를 들어, 새로운 사진을 보여주면, 그것이 강아지인지 고양이인지 맞출 수 있습니다.

[4] 머신 러닝의 예

- **스팸 필터** : 이메일 서비스에서 스팸 메일(원하지 않는 광고 메일)을 자동으로 걸러냅니다. 많은 이메일 데이터를 보고, 스팸 메일의 특징을 학습합니다.

- **음성 인식** : 스마트폰의 음성 비서(예 시리, 구글 어시스턴트)는 우리의 말을 인식하고, 그에 맞는 행동을 합니다. 많은 음성 데이터를 학습하여 우리가 무슨 말을 하는지 이해합니다.
- **추천 시스템** : 유튜브나 넷플릭스는 우리가 좋아할 만한 동영상을 추천합니다. 우리가 이전에 본 동영상 데이터를 학습하여, 우리가 좋아할 만한 다른 동영상을 예측합니다.

2) 딥 러닝 (Deep Learning)

(1) 개념

딥 러닝은 다층 신경망을 활용하여 데이터를 학습하는 머신 러닝의 하위 분야입니다. 복잡한 데이터의 패턴을 인식하고 예측하는 데 매우 효과적입니다. 딥 러닝은 인간의 뇌에서 영감을 받아 설계된 인공 신경망을 사용합니다.

[그림 Ⅰ-20] 딥 러닝 (ChatGPT4)

위 이미지는 로봇 교사가 어린 학생들에게 딥 러닝과 신경망에 대해 가르치는 교실 장면을 보여줍니다.

(2) 신경망 구조

- **인공 신경망** (Artificial Neural Networks, ANN) : 기본적인 신경망 구조로, 입력층, 은닉층, 출력층으로 구성됩니다.
- **합성곱 신경망** (Convolutional Neural Networks, CNN) : 주로 이미지 인식에 사용되는 신경망 구조로, 합성곱 계층과 풀링 계층을 포함합니다.
- **순환 신경망** (Recurrent Neural Networks, RNN) : 시계열 데이터와 같은 순차적 데이터를 처리하는 신경망으로, 순환 연결을 포함합니다.
- **변형형 신경망** (Transformer Networks) : 자연어 처리에 주로 사용되며, 어텐션 메커니즘을 활용하여 문맥을 이해합니다.

(3) 딥 러닝의 작동 방식

① 인공 신경망(Artificial Neural Network)

딥 러닝의 기본 단위는 인공 신경망입니다. 인공 신경망은 여러 층(layer)으로 구성된 뉴런(노드)들이 서로 연결된 구조를 가지고 있습니다. 이 구조는 인간의 뇌와 비슷합니다.

- **입력층** (Input Layer) : 데이터를 받는 곳입니다.

  예 사진을 인식하려면 사진의 각 픽셀 값이 입력됩니다.
- **은닉층** (Hidden Layers) : 입력된 데이터를 처리하고, 여러 층을 거치면서 더 복잡한 특징을 추출합니다. 딥 러닝의 "딥(깊다)"라는 이름은 이 은닉층이 많기 때문에 붙여졌습니다.
- **출력층** (Output Layer) : 최종 결과를 출력합니다.

  예 사진이 강아지인지 고양이인지 예측합니다.

② 학습 과정

딥 러닝은 데이터를 통해 스스로 학습합니다. 학습 과정은 다음과 같습니다:

- **데이터 수집** : 컴퓨터가 학습할 많은 데이터를 모읍니다.

  예 많은 강아지와 고양이 사진을 모읍니다.
- **훈련** (Training) : 컴퓨터는 이 데이터를 사용해 학습합니다. 입력층에서 데이터를 받아 은닉층을 거쳐 출력층에서 결과를 도출합니다. 처음에는 결과가 정확하지 않을 수 있지만, 수많은 반복 학습을 통해 점점 정확해집니다.
- **오차 역전파** (Backpropagation) : 예측한 결과가 실제 정답과 얼마나 다른지 계산하고, 그 차이를 줄이기 위해 신경망의 가중치를 조정합니다. 이 과정을 여러 번 반복하여 예측이 점점 더 정확해집니다.

(4) 딥 러닝의 예

- **이미지 인식** : 딥 러닝은 사진을 보고 그 안에 무엇이 있는지 알아맞출 수 있습니다.
  ㉘ 사진을 보고 강아지인지 고양이이인지, 자동차인지 사람인지 알아맞춥니다.
- **음성 인식** : 딥 러닝은 우리의 목소리를 듣고, 우리가 무슨 말을 하는지 이해할 수 있습니다.
  ㉘ 스마트폰의 음성 비서가 이에 해당합니다.
- **번역** : 딥 러닝은 한 언어에서 다른 언어로 문장을 번역할 수 있습니다.
  ㉘ 구글 번역 같은 서비스가 이를 이용합니다.

3) 자연어 처리 (Natural Language Processing, NLP)

(1) 개념

NLP는 컴퓨터가 인간의 언어를 이해하고 처리할 수 있도록 하는 기술입니다. 텍스트 분석, 언어 번역, 감정 분석 등 다양한 응용 분야가 있습니다. NLP는 언어 모델링, 구문 분석, 의미 분석 등 다양한 기술을 포함합니다.

[그림 Ⅰ-21] 자연어 처리 (ChatGPT4)

위 이미지는 로봇 교사가 어린 학생들에게 자연어 처리(NLP)에 대해 가르치는 교실 장면을 보여줍니다.

[2] 주요 기술

- **토큰화** (Tokenization) : 텍스트를 의미 있는 단위로 분할하는 과정입니다.
- **품사 태깅** (Part-of-Speech Tagging) : 각 단어의 품사를 식별하는 과정입니다.
- **명명된 개체 인식** (Named Entity Recognition, NER) : 텍스트에서 사람, 장소, 조직 등의 명명된 개체를 식별하는 기술입니다.
- **기계 번역** (Machine Translation) : 한 언어에서 다른 언어로 텍스트를 번역하는 기술입니다.
- **언어 생성** (Language Generation) : 자연스러운 언어 텍스트를 생성하는 기술입니다.

[3] 자연어 처리의 작동 방식

① 언어 이해

컴퓨터가 인간의 언어를 이해하려면, 먼저 문장을 분석해야 합니다. 이 과정에는 다음과 같은 단계가 있습니다:

- **단어 분리** : 문장을 단어 단위로 나눕니다.
  - 예 "나는 학교에 간다"는 ["나", "는", "학교", "에", "간다"]로 나눕니다.
- **품사 태깅** : 각 단어의 역할을 파악합니다.
  - 예 "나는"은 주어, "학교에"는 목적지, "간다"는 동사입니다.
- **문장 구조 분석** : 문장의 전체 구조를 이해합니다. 즉, 주어가 무엇인지, 동사가 무엇인지, 목적어가 무엇인지 파악합니다.

② 언어 생성

컴퓨터가 인간의 언어로 문장을 만들기 위해서는 다음과 같은 과정이 필요합니다:

- **문장 계획** : 어떤 내용을 말할지 결정합니다.
- **문장 생성** : 결정된 내용을 바탕으로 문장을 만듭니다.
- **자연스럽게 다듬기** : 만든 문장이 자연스럽게 들리도록 다듬습니다.

[4] 자연어 처리의 예

- **번역** : 한 언어에서 다른 언어로 문장을 번역합니다.
  - 예 "Hello"를 "안녕하세요"로 번역하는 것과 같습니다.
- **음성 인식** : 우리의 목소리를 듣고, 우리가 말한 내용을 문자로 바꿉니다.
  - 예 스마트폰의 음성 비서와 같습니다.
- **챗봇** : 사용자와 대화하며 질문에 답을 합니다.
  - 예 고객 서비스 챗봇이 질문에 답해주는 것과 같습니다.

4) 컴퓨터 비전 (Computer Vision)

(1) 개념

컴퓨터 비전은 컴퓨터가 디지털 이미지나 비디오에서 의미 있는 정보를 추출하고 해석하는 기술입니다. 얼굴 인식, 객체 검출, 이미지 분류 등 다양한 응용 분야가 있습니다. 컴퓨터 비전은 이미지 처리, 패턴 인식, 머신 러닝 등을 결합한 기술입니다.

[그림 Ⅰ-22] 컴퓨터 비전 (ChatGPT4)

위 이미지는 로봇 교사가 어린 학생들에게 컴퓨터 비전의 개념을 가르치는 교실 장면을 보여줍니다.

(2) 주요 기술

- **이미지 분류** (Image Classification) : 이미지가 특정 카테고리에 속하는지 예측하는 기술입니다.
- **객체 검출** (Object Detection) : 이미지 내에서 특정 객체를 식별하고 위치를 찾는 기술입니다.
- **이미지 생성** (Image Generation) : 새로운 이미지를 생성하는 기술로, GAN(생성적 적대 신경망) 등이 사용됩니다.
- **얼굴 인식** (Facial Recognition) : 얼굴을 인식하고 신원을 확인하는 기술입니다.

(3) 컴퓨터 비전의 작동 방식

① 이미지 입력

컴퓨터 비전은 먼저 이미지를 입력받습니다. 이 이미지는 카메라나 스마트폰 등으로 촬영된 사진일 수 있습니다.

② 이미지 처리

이미지를 입력받은 후, 컴퓨터는 이미지를 여러 단계로 처리합니다:

- **픽셀 분석** : 이미지를 작은 점(픽셀)으로 나누고, 각 픽셀의 색상과 밝기를 분석합니다.
- **특징 추출** : 이미지에서 중요한 부분을 찾아냅니다.
  [예] 사람의 얼굴이나 물체의 모서리를 찾는 것입니다.
- **패턴 인식** : 찾은 특징을 바탕으로 이미지 속의 사물을 인식합니다.
  [예] 얼굴의 특징을 찾아 사람이 있는지 확인합니다.

(4) 컴퓨터 비전의 예

- **객체 인식** (Object Recognition) : 컴퓨터가 이미지 속의 사물을 인식합니다.
  [예] 사진에서 자동차, 나무, 강아지 등을 찾아내는 것입니다.
- **얼굴 인식** (Facial Recognition) : 컴퓨터가 사람의 얼굴을 인식합니다.
  [예] 스마트폰의 얼굴 인식 기능이 여기에 해당합니다.
- **문자 인식** (Optical Character Recognition, OCR) : 컴퓨터가 이미지 속의 글자를 읽습니다.
  [예] 사진 속의 책 페이지를 읽어서 텍스트로 변환하는 것입니다.

5) 강화 학습 (Reinforcement Learning)

(1) 개념

　강화 학습은 에이전트가 환경과 상호작용하며 보상을 최대화하는 행동을 학습하는 방법입니다. 주로 게임, 로봇 공학, 자율주행 등에 사용됩니다. 강화 학습은 시뮬레이션을 통해 학습하며, 탐험과 활용의 균형을 맞추는 것이 중요합니다.

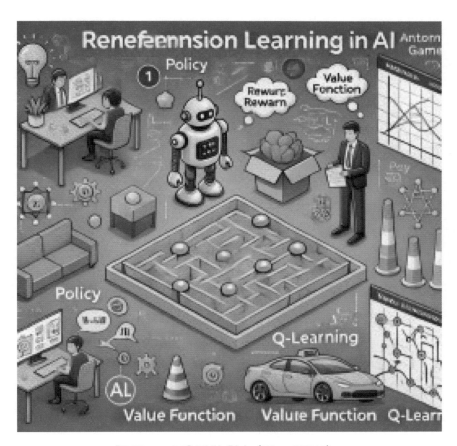

[그림 Ⅰ-23] 강화 학습 (ChatGPT4)

　위 이미지는 강화 학습의 개념을 설명하고 있으며, 에이전트(로봇)가 환경(미로)과 상호작용하며 보상과 벌을 받으면서 학습하는 과정을 시각적으로 나타내고 있습니다.

(2) 주요 개념

- **정책** (Policy) : 에이전트가 특정 상태에서 취할 행동을 결정하는 함수입니다.
- **보상** (Reward) : 특정 행동 후에 에이전트가 받는 값으로, 학습의 기준이 됩니다.
- **가치 함수** (Value Function) : 특정 상태에서 기대되는 장기적인 보상의 합을 나타내는 함수입니다.
- **Q-러닝** (Q-Learning) : 에이전트가 행동-가치 함수를 학습하여 최적의 정책을 찾는 방법입니다.

[3] 강화 학습의 작동 방식

① 환경과 에이전트

- **환경** (Environment) : 컴퓨터가 학습하는 공간입니다.

  예 미로가 환경이 될 수 있습니다.

- **에이전트** (Agent) : 환경 속에서 행동하는 컴퓨터 프로그램입니다.

  예 미로를 탐험하는 로봇이 에이전트입니다.

② 행동과 보상

에이전트는 환경 속에서 다양한 행동을 할 수 있습니다. 각 행동에 대해 보상이나 벌을 받게 됩니다.

- **보상** (Reward) : 올바른 행동을 했을 때 받는 점수입니다.

  예 미로에서 올바른 방향으로 이동했을 때 점수를 받습니다.

- **벌** (Penalty) : 잘못된 행동을 했을 때 받는 감점입니다.

  예 미로에서 잘못된 방향으로 이동했을 때 점수를 잃습니다.

③ 학습 과정

에이전트는 보상과 벌을 통해 어떤 행동이 좋은지 나쁜지를 학습합니다.

- **탐험** (Exploration) : 새로운 행동을 시도해보는 과정입니다.

  예 처음에는 미로의 여러 길을 시도해봅니다.

- **활용** (Exploitation) : 학습한 내용을 바탕으로 최선의 행동을 선택하는 과정입니다.

  예 가장 많은 점수를 얻을 수 있는 길로 이동합니다.

[4] 강화 학습의 예

- **게임** : 컴퓨터가 게임을 학습할 때 강화 학습을 사용합니다.

  예 체스나 바둑에서 좋은 수를 두면 점수를 얻고, 나쁜 수를 두면 점수를 잃습니다.

- **로봇 공학** : 로봇이 특정 작업을 학습할 때 강화 학습을 사용합니다.

  예 로봇이 물건을 집어 옮기는 작업을 할 때 올바르게 집으면 보상을 받습니다.

- **자율 주행** : 자율 주행 자동차가 도로에서 주행할 때 강화 학습을 사용합니다.

  예 안전하게 주행하면 보상을 받고, 사고를 일으키면 벌을 받습니다.

다. 인공지능의 기초 이론

인공지능(AI)의 기초 이론은 다양한 기술과 방법론을 포함하며, 이를 통해 기계가 학습, 추론, 문제 해결, 이해, 그리고 인간과 유사한 방식으로 행동할 수 있게 합니다.

1) 기계 학습 (Machine Learning)

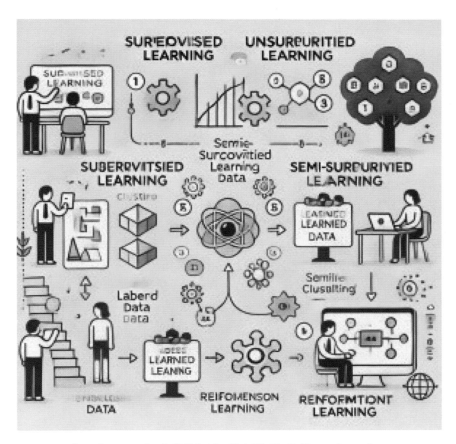

[그림 Ⅰ-24] 기계학습의 개념 및 단계 (ChatGPT4)

위 이미지는 지도 학습, 비지도 학습, 준지도 학습, 강화 학습의 다양한 유형과 그 관계를 시각적으로 설명하는 다이어그램을 보여줍니다.

(1) 지도 학습 (Supervised Learning)

지도 학습은 입력 데이터와 그에 대응하는 정답을 학습하여 새로운 입력 데이터에 대한 예측을 수행합니다. 주로 분류와 회귀 문제에 사용됩니다. 지도 학습의 대표적인 알고리즘으로는 선형 회귀, 로지스틱 회귀, 서포트 벡터 머신(SVM), 결정 트리 등이 있습니다.

(2) 비지도 학습 (Unsupervised Learning)

비지도 학습은 정답 없이 데이터의 구조를 학습합니다. 주로 군집화와 차원 축소에 사용됩니다. 비지도 학습의 대표적인 알고리즘으로는 K-평균 군집화, 계층적 군집화, 주성분 분석(PCA) 등이 있습니다.

(3) 준지도 학습 (Semi-Supervised Learning)

준지도 학습은 일부 레이블이 있는 데이터와 레이블이 없는 데이터를 함께 사용하여 모델을 학습합니다. 이는 레이블이 부족한 상황에서 유용합니다. 준지도 학습은 레이블 데이터가 적을 때 모델 성능을 향상시키는 데 도움이 됩니다.

(4) 강화 학습 (Reinforcement Learning)

강화 학습은 에이전트가 환경과 상호작용하며 보상을 최대화하는 행동을 학습합니다. 주로 게임, 로봇 공학 등에 사용됩니다. 강화 학습의 대표적인 알고리즘으로는 Q-러닝, 정책 경사법 등이 있습니다.

2) 신경망 (Neural Networks)

(1) 인공 신경망 (Artificial Neural Networks, ANN)

인공 신경망은 인간의 뇌에서 영감을 받아 설계된 모델로, 여러 계층의 노드(뉴런)로 구성됩니다. 각 노드는 입력을 받아 가중치를 곱하고 비선형 활성화 함수를 통해 출력을 생성합니다. ANN은 기초적인 신경망 구조로 다양한 패턴 인식 문제에 사용됩니다.

- **입력층** (Input Layer) : 데이터를 받아들이는 부분입니다.
  예 이미지의 각 픽셀 값이 입력될 수 있습니다.
- **은닉층** (Hidden Layers) : 입력 데이터를 처리하고, 복잡한 패턴을 학습합니다. 여러 개의 은닉층이 있을 수 있으며, 각 층은 이전 층의 출력을 입력으로 받아 처리합니다.
- **출력층** (Output Layer) : 최종 결과를 출력합니다.
  예 이미지가 강아지인지 고양이인지를 예측합니다.

작동 방식	1. 입력층에서 데이터를 받습니다.
	2. 데이터를 은닉층으로 전달하며, 각 노드는 입력 값을 가중치(weight)와 곱하고, 이를 더한 값을 활성화 함수(activation function)를 통해 처리합니다.
	3. 출력층에서 최종 결과를 얻습니다.

(2) 합성곱 신경망 (Convolutional Neural Networks, CNN)

CNN은 주로 이미지 인식에 사용되며, 합성곱 계층과 풀링 계층으로 구성됩니다. 합성곱 계층은 이미지의 지역적 패턴을 학습하고, 풀링 계층은 공간적 차원을 축소하여 특성을 요약합니다. CNN은 이미지 분류, 객체 검출 등에서 높은 성능을 보입니다.

- **합성곱 계층** (Convolutional Layer) : 이미지의 지역적 패턴을 학습합니다. 필터(filter)를 사용하여 이미지의 작은 부분을 처리합니다.
- **풀링 계층** (Pooling Layer) : 이미지의 공간적 차원을 축소하여 특성을 요약합니다. 주로 최대 풀링(max pooling)을 사용하여, 필터가 적용된 영역에서 최대 값을 선택합니다.
- **완전 연결 계층** (Fully Connected Layer) : 이전 계층에서 추출된 특성을 바탕으로 최종 예측을 만듭니다.

작동 방식	1. 이미지가 입력됩니다.
	2. 합성곱 계층을 통해 이미지의 특징을 추출합니다.
	3. 풀링 계층을 통해 특징을 요약하고 축소합니다.
	4. 완전 연결 계층을 통해 최종 예측을 만듭니다.

(3) 순환 신경망 (Recurrent Neural Networks, RNN)

RNN은 시계열 데이터와 같은 순차적 데이터를 처리하는 데 사용됩니다. 순환 구조를 통해 이전 상태의 정보를 현재 상태로 전달하여 시퀀스 데이터를 학습합니다. RNN은 자연어 처리, 음성 인식 등에서 많이 사용됩니다.

- **순환 구조** : 이전 단계의 출력을 현재 단계의 입력으로 사용합니다. 이 구조를 통해 시간에 따라 변화하는 데이터를 학습할 수 있습니다.

작동 방식	1. 첫 번째 입력을 처리하고, 출력과 상태를 저장합니다.
	2. 다음 입력을 처리할 때, 이전 상태를 함께 사용하여 데이터를 처리합니다.
	3. 이러한 과정을 반복하여 시퀀스 전체를 처리합니다.

예시	• **자연어 처리** : 문장이나 단어 시퀀스를 처리하여 의미를 이해합니다.
	• **음성 인식** : 시간에 따라 변화하는 음성 데이터를 처리하여 텍스트로 변환합니다.

(4) 변형형 신경망 (Transformer Networks)

트랜스포머는 자연어 처리에 주로 사용되며, 어텐션 메커니즘을 통해 문맥을 이해하고 처리합니다. 이는 병렬 처리가 가능하여 학습 속도가 빠르고 성능이 뛰어납니다. 트랜스포머 모델은 번역, 텍스트 생성 등에서 최첨단 성능을 보여줍니다.

- **어텐션 메커니즘** (Attention Mechanism) : 입력 시퀀스의 각 부분에 가중치를 부여하여 중요한 부분에 집중합니다. 이를 통해 병렬 처리가 가능해집니다.

작동 방식	1. 입력 시퀀스를 처리하여 각 단어의 표현을 만듭니다. 2. 어텐션 메커니즘을 통해 각 단어의 중요도를 계산합니다. 3. 중요도가 높은 단어에 더 많은 가중치를 부여하여 최종 출력을 만듭니다.

예시	• **번역** : 한 언어의 문장을 다른 언어로 번역합니다. • **텍스트 생성** : 주어진 문맥에 따라 새로운 문장을 생성합니다.

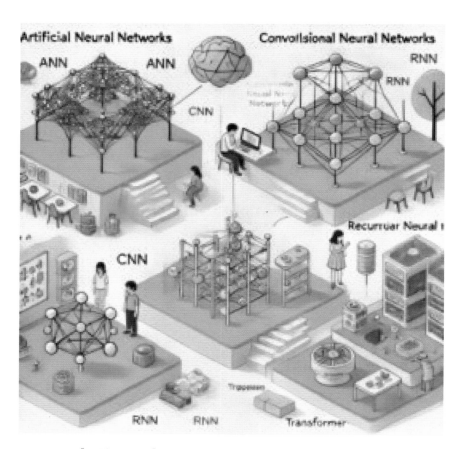

[그림 Ⅰ-25] 신경망의 개념 및 종류 (ChatGPT4)

위 이미지는 다양한 유형의 신경망(ANN, CNN, RNN, Transformer)을 설명하며, 각 신경망의 구조와 사용 사례를 시각적으로 나타내고 있습니다.

이 네 가지 신경망 구조는 각각의 용도와 특성에 맞게 설계되어 다양한 문제를 해결합니다. 인공 신경망(ANN)은 기초적인 구조로 패턴 인식에 사용되며, 합성곱 신경망(CNN)은 이미지 인식에, 순환 신경망(RNN)은 시퀀스 데이터 처리에, 변형형 신경망(Transformer)은 자연어 처리에 주로 사용됩니다. 각 신경망의 작동 방식을 이해하면, 다양한 인공지능 문제를 해결하는 데 큰 도움이 됩니다.

3) 확률과 통계 (Probability and Statistics)

확률과 통계는 AI의 기초 이론 중 하나로, 데이터 분석과 예측을 위해 매우 중요한 역할을 합니다. AI에서는 이 두 가지를 통해 데이터를 이해하고, 미래를 예측하며, 모델을 학습시킵니다. 이를 통해 다양한 문제를 해결하고, 우리의 생활을 더욱 편리하게 만들어줍니다.

(1) 확률

확률은 어떤 일이 일어날 가능성을 숫자로 표현한 것입니다. 예를 들어, 동전을 던졌을 때 앞면이 나올 확률은 50%입니다.

- **확률 값** : 0에서 1 사이의 값을 가지며, 0은 절대 일어나지 않는 일, 1은 반드시 일어나는 일을 의미합니다.

예시   • 주사위를 던졌을 때 6이 나올 확률은 1/6입니다.

(2) 통계

통계는 데이터를 수집, 분석, 해석하는 방법입니다. 많은 데이터를 통해 어떤 패턴이나 규칙을 찾고, 이를 바탕으로 예측을 합니다.

- **평균** : 데이터를 모두 더한 후, 데이터 개수로 나눈 값입니다.

예시   • 시험 점수 70, 80, 90의 평균은 (70+80+90)/3 = 80입니다.

- **분산** : 데이터가 평균에서 얼마나 떨어져 있는지를 나타냅니다.

예시   • 시험 점수 70, 80, 90의 분산은 각 점수가 평균(80)에서 떨어진 거리의 제곱의 평균입니다.

- **표준편차** : 분산의 제곱근으로, 데이터의 흩어짐 정도를 나타냅니다.

예시   • 시험 점수 70, 80, 90의 표준편차는 약 8.16입니다.

(3) 확률과 통계가 AI에서 중요한 이유

AI는 확률과 통계를 사용하여 데이터를 분석하고, 미래를 예측하는 모델을 만듭니다. 예를 들어, 날씨 예측, 주식 시장 예측 등이 있습니다.

- **확률 모델** : 데이터를 바탕으로 어떤 일이 일어날 확률을 계산합니다.

예시   • 날씨 데이터에 기반해 내일 비가 올 확률을 계산합니다.

- **통계 모델** : 데이터의 패턴을 분석하여 미래를 예측합니다.

> 예시 • 과거 주식 가격 데이터를 분석하여 미래의 주가를 예측합니다.

(4) 쉽게 이해하는 확률과 통계의 예

① 동전 던지기

- **확률** : 동전을 던졌을 때 앞면이 나올 확률은 1/2(50%)입니다.
- **통계** : 10번 던졌을 때 6번 앞면이 나왔으면, 앞면이 나온 횟수의 평균은 0.6입니다.

② 시험 점수 분석

- **평균** : 점수 60, 70, 80의 평균은 (60+70+80)/3 = 70입니다.
- **분산** : 각 점수에서 평균(70)을 뺀 값의 제곱의 평균입니다.
  즉, ((60-70)^2 + (70-70)^2 + (80-70)^2) / 3 = 66.67입니다.
- **표준편차** : 분산의 제곱근으로, 66.67의 제곱근인 약 8.16입니다.

[그림 Ⅰ-26] 확률과 통계 (ChatGPT4)

위 이미지는 어린 학생들에게 확률과 통계의 기본 개념을 가르치는 교실 장면을 보여줍니다.

4) 논리와 탐색 (Logic and Search)

논리 기반 AI는 명제 논리와 술어 논리를 사용하여 지식을 표현하고 추론하며, 전문가 시스템 등에서 사용됩니다. 탐색 알고리즘은 문제를 해결하거나 최적의 경로를 찾기 위해 상태 공간을 탐색하며, 깊이 우선 탐색, 너비 우선 탐색, A* 알고리즘 등이 대표적입니다. 이를 통해 컴퓨터는 복잡한 문제를 효율적으로 해결할 수 있습니다.

(1) 논리 기반 AI (Logic-based AI)

논리 기반 AI는 컴퓨터가 논리적인 규칙을 사용하여 지식을 표현하고 추론하는 방법입니다. 이를 통해 컴퓨터는 복잡한 문제를 해결할 수 있습니다. 두 가지 주요 논리 체계는 명제 논리와 술어 논리입니다.

① 명제 논리 (Propositional Logic)

- **명제** : 참 또는 거짓으로 판별될 수 있는 문장입니다.

  예 "오늘은 비가 온다"는 참 또는 거짓으로 판별될 수 있는 명제입니다.

- **논리 연산자** : 여러 명제를 결합하는 데 사용됩니다. 주요 논리 연산자는 다음과 같습니다:

  - **AND** (∧) : 두 명제가 모두 참일 때 참입니다.

    예 "오늘은 비가 온다 ∧ 나는 우산을 가지고 있다"는 두 명제가 모두 참일 때 참입니다.

  - **OR** (∨) : 두 명제 중 하나라도 참일 때 참입니다.

    예 "오늘은 비가 온다 ∨ 나는 우산을 가지고 있다"는 두 명제 중 하나라도 참일 때 참입니다.

  - **NOT** (¬) : 명제의 반대 값을 나타냅니다.

    예 "¬오늘은 비가 온다"는 "오늘은 비가 오지 않는다"와 같습니다.

② 술어 논리 (Predicate Logic)

- **술어** : 개체와 그 속성을 나타내는 논리 구조입니다.

  예 "학생(철수)"는 철수가 학생임을 나타내는 술어입니다.

- **변수** : 개체를 일반화하는 데 사용됩니다.

  예 "학생(x)"는 x가 학생임을 나타내는 일반화된 표현입니다.

- **양화사** : 변수의 범위를 나타냅니다.

- **전체 양화사** (∀) : 모든 개체에 대해 참입니다.

  예 "모든 x에 대해, 학생(x)"는 모든 사람이 학생임을 나타냅니다.

- **존재 양화사** (∃) : 적어도 하나의 개체에 대해 참입니다.

  예 "적어도 하나의 x에 대해, 학생(x)"는 적어도 한 명이 학생임을 나타냅니다.

③ 전문가 시스템 (Expert Systems)

전문가 시스템은 특정 분야의 전문가 지식을 컴퓨터 프로그램으로 구현한 것입니다. 이 시스템은 논리 규칙을 사용하여 문제를 해결합니다.

- **지식 베이스** (Knowledge Base) : 전문가의 지식이 저장된 곳입니다.
- **추론 엔진** (Inference Engine) : 지식 베이스의 정보를 사용하여 논리적으로 추론합니다.

(2) 탐색 알고리즘 (Search Algorithms)

탐색 알고리즘은 최적의 경로 또는 해결책을 찾기 위해 상태 공간을 탐색합니다. 이는 문제 해결과 경로 계획에 사용됩니다. 대표적인 탐색 알고리즘으로는 깊이 우선 탐색(DFS), 너비 우선 탐색(BFS), A* 알고리즘 등이 있습니다.

① 깊이 우선 탐색 (Depth-First Search, DFS)

- **방법** : 시작 노드에서 출발하여 한 경로를 끝까지 탐색한 후, 다시 돌아와 다른 경로를 탐색합니다. 스택을 사용하여 구현되며, 재귀적으로 탐색이 진행됩니다. 주로 모든 경로를 탐색해야 하는 경우에 유용합니다.
- **장점** : 메모리 사용량이 적습니다.
- **단점** : 최적의 해결책을 찾지 못할 수 있습니다.

> **예시** • 미로를 탐색할 때, 한 방향으로 쭉 가다가 막히면 돌아와서 다른 길을 탐색합니다.

② 너비 우선 탐색 (Breadth-First Search, BFS)

- **방법** : 시작 노드에서 출발하여 인접한 모든 노드를 탐색한 후, 다음 레벨로 넘어가서 탐색을 계속합니다. 큐를 사용하여 구현되며, 최단 경로를 찾는 데 유용합니다.
- **장점** : 최단 경로를 보장합니다.
- **단점** : 메모리 사용량이 많습니다.

> **예시** • 미로를 탐색할 때, 출발점에서 가까운 길을 모두 탐색한 후, 그다음 단계로 나아갑니다.

③ A* 알고리즘 (A* Algorithm)

- **방법** : 휴리스틱 함수를 사용하여 탐색 공간을 줄이고 효율적으로 최적 경로를 찾습니다. 시작 노드에서 목표 노드까지의 예상 비용을 모두 고려하여 경로를 탐색합니다.
- **장점** : 효율적이고 최적의 경로를 찾을 확률이 높습니다.
- **단점** : 복잡한 계산이 필요할 수 있습니다.

> **예시** • 지도에서 최단 경로를 찾을 때, 현재 위치에서 목표 위치까지의 거리를 고려하여 가장 비용이 적은 경로를 선택합니다.

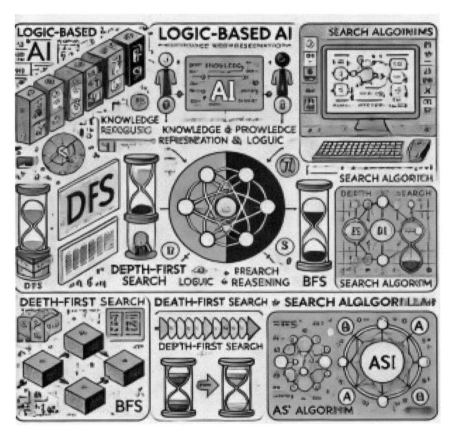

[그림 Ⅰ-27] 논리와 탐색 (ChatGPT4)

위 이미지는 논리 기반 AI와 탐색 알고리즘(DFS, BFS 등)의 개념과 작동 방식을 시각적으로 설명하고 있습니다. 논리 기반 AI는 지식을 논리적으로 표현하고 이를 통해 추론하며, 탐색 알고리즘은 상태 공간을 효율적으로 탐색하여 문제를 해결합니다.

2. 활용 사례

가. 산업별 AI 활용 사례

AI는 다양한 산업에서 혁신을 일으키고 있습니다. 각 산업에서는 AI를 통해 효율성을 높이고, 비용을 절감하며, 더 나은 서비스를 제공할 수 있게 되었습니다. 이 장에서는 농업, 의료, 교육, 교통, 제조업, 금융 등 여러 산업에서 AI가 어떻게 활용되고 있는지 구체적인 사례를 통해 알아보도록 하겠습니다. AI 기술이 각 산업에서 어떤 문제를 해결하고, 어떤 변화를 가져왔는지 흥미로운 예시들을 통해 확인해보겠습니다.

1) 농업

농업에서는 AI가 농부들에게 큰 도움을 주고 있습니다. 예를 들어, AI는 작물의 상태를 모니터링하고, 병해충을 일찍 발견하며, 언제 씨를 뿌려야 할지 예측해줍니다. 이를 통해 농부들은 더 적은 자원으로 더 많은 식량을 생산할 수 있게 되었습니다.

(1) 드론을 이용한 작물 모니터링

농부들이 매일 밭을 직접 돌며 작물 상태를 확인하는 일은 매우 힘들었습니다. 병충해가 발생하거나 물이 부족해도 빨리 알아차리지 못하면 작물이 상하거나 말라버리는 일이 생기곤 했습니다. 이제는 하늘에서 농작물의 사진을 찍을 수 있는 드론이 이 일을 도와주고 있습니다. AI는 드론이 찍은 사진을 분석해서 작물이 잘 자라고 있는지, 병충해가 있는지, 물이 필요한지 등을 알려줍니다. 병충해가 생긴 부분을 빨리 찾아내어 그 부분에만 농약을 뿌리면 됩니다. 처음에 비용이 많이 들고, 드론과 AI를 다루기 위해 약간의 기술 지식이 필요하지만, 환경도 보호하고 돈도 절약할 수 있게 되었습니다.

[그림 Ⅰ-28] 드론을 이용한 작물 모니터링 (ChatGPT4)

적용 기술	• 컴퓨터 비전6), 이미지 분석7)

설명	• 컴퓨터 비전과 이미지 분석 기술을 사용하여 드론이 촬영한 작물 이미지를 분석합니다. 이를 통해 병충해 여부, 물 필요량 등을 판단하여 작물의 상태를 모니터링합니다.

6) 컴퓨터 비전은 컴퓨터가 이미지를 해석하고 이해할 수 있도록 하는 기술입니다. 이를 통해 컴퓨터는 사람처럼 이미지를 인식하고 분석할 수 있습니다. 주요 응용 분야로는 얼굴 인식, 객체 탐지, 자율 주행 등이 있습니다.

7) 이미지 분석은 컴퓨터가 이미지 데이터를 처리하고 해석하여 유용한 정보를 추출하는 기술입니다. 이는 객체 인식, 이미지 분류, 이미지 세분화 등을 포함하며, 의료 영상 분석, 품질 검사, 감시 시스템 등에 사용됩니다.

(2) 자동화된 수확 로봇

농부들이 수확할 때 일일이 손으로 작물을 따는 일은 많은 시간과 노력을 필요로 했습니다. 때로는 작물이 손상되기도 했습니다. 그러나 AI가 탑재된 수확 로봇은 이 문제를 해결해줍니다. 로봇은 작물이 다 자랐는지 확인하고, 수확할 시기를 판단해줍니다. 이제 농부들은 수확 시기를 놓치지 않고, 노동력이 부족해도 많은 양의 작물을 수확할 수 있습니다. 특히 과일이나 채소 같은 민감한 작물에 아주 유용합니다. 수확 속도가 빨라지고, 노동력이 절약되며, 작물을 손상시키지 않고 수확할 수 있습니다. 하지만 수확 로봇의 가격이 비싸고, 고장이 나면 수리가 복잡할 수 있습니다.

적용 기술	• 로보틱스[8]), 머신 러닝[9])

설명	• 로봇공학과 머신 러닝 기술을 통해 로봇이 작물의 성숙도를 판단하고, 손상 없이 수확할 수 있도록 합니다. 이는 효율성과 정확성을 높이며 노동력을 절감합니다.

[그림 Ⅰ-29] 자동화된 수확 로봇 (ChatGPT4)

---

8) 로보틱스는 로봇의 설계, 제작, 운영, 사용을 다루는 학문입니다. 로봇은 정해진 작업을 자동으로 수행하며, 인간의 노동력을 대신할 수 있습니다. 머신 러닝은 로봇이 작업을 더 효율적으로 수행하도록 학습하는 데 사용됩니다.

9) 머신 러닝은 컴퓨터가 명시적인 프로그래밍 없이 데이터를 통해 학습하고 개선할 수 있도록 하는 기술입니다. 알고리즘이 데이터 패턴을 인식하고, 예측 및 의사결정을 자동화하는 데 사용됩니다.

(3) 스마트 관개 시스템

농부들은 작물에 필요한 물의 양을 판단하는 데 어려움을 겪곤 했습니다. 물이 너무 많이 주어지거나 부족하면 작물이 제대로 자라지 못하고 병에 걸리기 쉽습니다. 하지만 AI는 날씨 정보와 토양의 습도를 분석해서 작물에 필요한 물의 양을 정확하게 계산해줍니다. 그래서 물을 절약하고, 작물이 잘 자랄 수 있도록 도와줍니다. 예를 들어, 토양이 너무 건조하면 자동으로 물을 주고, 비가 올 것 같으면 물 주기를 멈추는 시스템입니다. 물을 절약하고, 작물이 항상 최적의 상태로 자라도록 도와주는 장점이 있지만, 설치와 유지 비용이 비싸고, 시스템이 고장 나면 수작업으로 다시 물을 줘야 하는 불편함이 있을 수 있습니다.

적용 기술	• IoT(사물인터넷)[10], 데이터 분석[11]

설명	• IoT 센서와 데이터 분석 기술을 통해 토양 습도와 날씨 데이터를 수집하고 분석하여 최적의 물 공급을 자동으로 조절합니다.

[그림 Ⅰ-30] 스마트 관개 시스템 (ChatGPT4)

---

10) IoT는 인터넷을 통해 연결된 장치들이 데이터를 주고받으며 상호 작용하는 기술입니다. 농업에서는 토양 센서와 날씨 센서를 통해 실시간 데이터를 수집하고, 이를 바탕으로 관개 시스템을 자동으로 조절합니다.
11) 데이터 분석은 데이터를 정리하고 해석하여 유용한 정보를 추출하는 과정입니다. 이를 통해 의사결정 과정을 지원하며, 예측 모델을 구축하여 미래의 상황을 예측하는 데 사용됩니다.

(4) 예측 분석

　농부들이 과거의 경험과 날씨 예보에 의존해 다음 시즌의 수확량을 예측하는 일은 어렵고 정확하지 않을 때가 많았습니다. 그러나 AI는 과거의 데이터를 분석해서 다음 수확량을 예측하고, 시장 가격 변동을 예측할 수 있습니다. 예를 들어, AI는 날씨 데이터, 토양 상태, 과거 수확량 데이터를 종합해서 다음 시즌의 수확량을 예측할 수 있습니다. 더 정확한 예측을 통해 농부들이 효과적으로 계획을 세울 수 있습니다. 시장 가격이 좋을 때 작물을 판매해 더 많은 수익을 얻을 수 있습니다. 하지만 데이터 분석을 위해 초기 데이터 수집과 시스템 설정이 필요하며, 비용이 많이 들 수 있습니다.

적용 기술	• 데이터 마이닝12), 머신 러닝

설명	• 과거의 농업 데이터를 분석하여 미래의 수확량과 시장 가격을 예측합니다. 이를 통해 농부들이 더 나은 의사결정을 할 수 있도록 도와줍니다.

[그림 Ⅰ-31] 예측 분석 (ChatGPT4)

---

12) 데이터 마이닝은 대량의 데이터에서 유용한 정보를 추출하고 패턴을 발견하는 과정입니다. 머신 러닝 알고리즘을 사용하여 과거 데이터를 분석하고 미래를 예측하는 데 활용됩니다.

(5) 실제 사례

한국의 한 농장은 드론과 AI를 사용해서 토마토 농사를 짓고 있습니다. 드론이 토마토 밭을 정기적으로 촬영하고, AI가 이를 분석해서 토마토가 잘 자라고 있는지, 병충해가 있는지 판단합니다. 그래서 농부는 병충해가 생긴 부분을 빨리 찾아내어 조치를 취할 수 있었고, 토마토의 품질도 높아졌습니다. 그 결과, 더 많은 수확을 할 수 있었습니다.

이처럼 AI는 농부들이 더 쉽게 농사를 짓고, 더 좋은 품질의 작물을 생산할 수 있도록 도와주고 있습니다. 환경을 보호하면서도 생산성을 높이는 스마트한 농업이 가능해졌습니다.

2) 의료

의료 분야에서도 AI는 중요한 역할을 하고 있습니다. AI는 병을 더 정확하게 진단하고, 치료 방법을 추천해주며, 환자를 더 잘 돌볼 수 있도록 도와줍니다. 예를 들어, AI는 의료 이미지를 분석해서 병을 조기에 발견할 수 있고, 가상 건강 도우미를 통해 환자들이 궁금한 점을 빠르게 해결해줍니다.

(1) AI를 이용한 의료 영상 분석

과거에는 의사들이 엑스레이나 MRI 영상을 직접 보고 병을 진단해야 했습니다. 이 과정은 시간이 많이 걸리고, 작은 병변을 놓치거나 오진할 위험이 있었습니다. 하지만 최근에는 AI가 이 작업을 돕고 있습니다. 예를 들어, AI는 수많은 의료 영상을 빠르게 분석해서 이상이 있는 부분을 찾아내고, 이를 의사에게 알려줍니다. 이렇게 하면 의사들은 AI가 분석한 결과를 바탕으로 더욱 정밀한 검사를 할 수 있습니다. 이를 통해 진단이 더 빠르고 정확해져서 환자들은 조기에 병을 발견하고 치료를 받을 수 있게 되었습니다. 하지만 AI 시스템 도입에는 초기 비용이 많이 들고, AI가 완벽하지 않을 수 있기 때문에 항상 의사의 검토가 필요합니다.

적용 기술	• 딥 러닝[13]), 컴퓨터 비전
설명	• 딥 러닝과 컴퓨터 비전 기술을 사용하여 의료 영상을 분석하고, 병변을 자동으로 식별하여 진단의 정확성과 속도를 높입니다.

---

13) 딥 러닝은 인공 신경망을 기반으로 하는 머신 러닝의 한 분야로, 대량의 데이터를 학습하여 복잡한 패턴을 인식하고 예측하는 기술입니다. 의료 영상 분석에서 딥 러닝은 병변을 자동으로 식별하고 진단의 정확성을 높입니다.

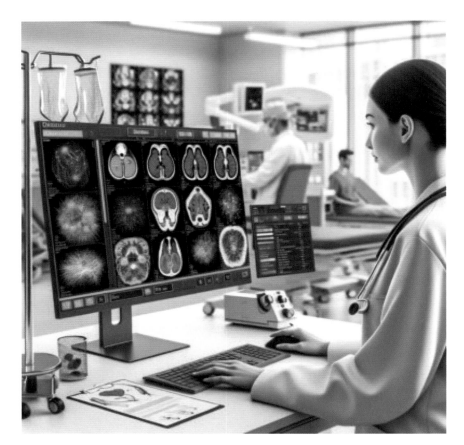

[그림 Ⅰ-32] AI를 이용한 의료 영상 분석 (ChatGPT4)

(2) AI 기반의 개인 맞춤형 치료 계획

환자마다 다른 치료 계획을 세우는 것은 의사들에게 매우 어려운 일이었습니다. 환자의 진단과 과거 병력 등을 바탕으로 최적의 치료법을 찾는 데 많은 시간이 걸렸습니다. 그러나 AI가 도입된 이후로 이 문제가 크게 개선되었습니다. AI는 환자의 유전자 정보, 병력, 라이프스타일 등을 종합적으로 분석하여 가장 적합한 치료법을 추천해줍니다. 예를 들어, 특정 유전자 변이를 가진 환자에게는 어떤 약물이 효과적인지 AI가 알려줄 수 있습니다. 이를 통해 환자는 자신에게 맞는 치료를 빠르게 받을 수 있고, 치료 효과도 높아집니다. 단, AI가 모든 경우에 완벽하지 않을 수 있기 때문에 최종 결정은 항상 의사가 내려야 합니다. 개인정보 보호 문제도 신경 써야 하는 부분입니다.

적용 기술	• 머신 러닝, 데이터 분석
설명	• 환자의 유전자 정보, 병력, 라이프스타일 등을 분석하여 최적의 치료법을 추천합니다. 이를 통해 환자는 맞춤형 치료를 받을 수 있습니다.

[그림 Ⅰ-33] AI 기반의 개인 맞춤형 치료 계획 (ChatGPT4)

(3) AI를 활용한 병원 운영 효율화

병원에서는 많은 인력과 시간이 필요한 행정 업무가 많았습니다. 환자 예약 관리, 입원 병실 배정, 약물 재고 관리 등이 그 예입니다. 이러한 일들을 효율적으로 처리하는 것은 매우 어려운 일이었습니다. 그러나 AI가 도입되면서 병원 운영이 훨씬 효율적으로 변했습니다. AI는 환자의 예약 패턴을 분석해 최적의 예약 시간을 추천하고, 병실 배정을 효율적으로 관리해줍니다. 이를 통해 의료진은 환자 진료에 더 집중할 수 있게 되었고, 환자들도 더 나은 서비스를 받을 수 있게 되었습니다. 물론 초기 도입 비용이 높고, AI 시스템이 모든 상황을 완벽하게 처리하지 못할 때도 있지만, 전반적으로 병원 운영이 더 효율적이고 체계적으로 변했습니다.

적용 기술	• 데이터 분석, 최적화 알고리즘[14]
설명	• 병원의 행정 업무를 자동화하고 최적화하여 운영 효율성을 높입니다. 예를 들어, 환자 예약 관리와 병실 배정을 효율적으로 처리합니다.

---

14) 최적화 알고리즘은 주어진 조건 하에서 최적의 해결책을 찾는 수학적 기법입니다. 이를 통해 자원을 효율적으로 배분하고, 문제 해결의 최적 경로를 도출합니다.

(4) 실제 사례

한 병원에서는 AI를 이용해 유방암 진단을 돕고 있습니다. AI는 수많은 유방촬영술 이미지를 분석해 암세포를 찾아내는데, 그 정확도가 매우 높습니다. 의사는 AI가 알려준 결과를 바탕으로 환자를 더 정밀하게 검사할 수 있었습니다. 그 결과, 많은 환자들이 조기에 유방암을 발견하고 치료를 받을 수 있었습니다.

이처럼 AI는 의료 분야에서 진단과 치료를 더 빠르고 정확하게 만들어주고 있습니다. 환자들은 더 나은 치료를 받을 수 있고, 의사들은 AI의 도움으로 더 많은 환자를 진료할 수 있습니다.

3) 교육

교육에서는 AI가 학생들의 학습을 돕고 있습니다. AI는 각 학생에게 맞춤형 학습 계획을 제공하고, 학습 진행 상황을 모니터링하며, 교사들이 더 효과적으로 가르칠 수 있도록 도와줍니다. AI 기반의 튜터링 시스템은 학생들이 스스로 학습할 수 있도록 도와주고, 교육의 접근성을 높여줍니다.

(1) AI 기반의 맞춤형 학습 플랫폼

기존의 학습 방식은 모든 학생에게 동일한 내용을 동일한 방식으로 가르쳤습니다. 하지만 학생마다 학습 속도와 이해도가 다르기 때문에, 일부 학생들은 진도를 따라가지 못하고, 일부 학생들은 더 많은 도전을 원했습니다. 이 문제를 해결하기 위해 도입된 것이 AI 기반 맞춤형 학습 플랫폼입니다. AI는 학생들의 학습 패턴을 분석해서 각 학생에게 최적화된 학습 계획을 제공해줍니다. 예를 들어, 수학 문제를 푸는 데 어려움을 겪는 학생에게는 추가 설명이나 연습 문제를 제공하고, 반대로 빠르게 이해하는 학생에게는 더 어려운 문제를 제시합니다. 이를 통해 모든 학생이 자신의 학습 속도에 맞춰 공부할 수 있어 학습 효율이 높아지고, 선생님들도 AI의 도움을 받아 개별 학생에게 더 집중할 수 있게 되었습니다. 물론 초기 도입 비용이 높고, 기술적인 문제나 개인정보 보호 문제가 있을 수 있지만, 전반적으로 교육의 질이 향상되고 학생들의 만족도가 높아졌습니다.

적용 기술	• 머신 러닝, 데이터 분석
설명	• 학생의 학습 패턴을 분석하여 각 학생에게 맞춤형 학습 계획을 제공합니다. 이를 통해 학습 효과를 극대화할 수 있습니다.

[그림 Ⅰ-34] AI 기반의 맞춤형 학습 플랫폼 (ChatGPT4)

(2) AI를 이용한 학습 도우미

학생들이 질문이 있을 때 선생님에게 직접 물어보는 방식은 모든 학생이 충분한 도움을 받기 어려웠습니다. 특히 많은 학생들이 동시에 질문을 하면 선생님이 모든 질문에 답하기 힘들었습니다. 이런 문제를 해결하기 위해 AI 학습 도우미가 도입되었습니다. AI 학습 도우미는 24시간 언제든지 학생들의 질문에 답할 수 있습니다. 예를 들어, 학생이 숙제를 하다가 모르는 문제가 생기면 AI 학습 도우미에게 질문할 수 있습니다. AI는 그 질문에 맞는 답변을 제공하고, 추가로 관련된 설명도 해줍니다. 이로 인해 학생들은 언제든지 필요한 도움을 받을 수 있고, 학습의 연속성이 유지될 수 있습니다. 하지만 AI가 모든 질문에 완벽하게 답할 수 있는 것은 아니기 때문에, 여전히 선생님의 지도가 필요할 때가 있습니다.

적용 기술	• 자연어 처리[15], 챗봇
설명	• 자연어 처리 기술을 사용하여 학생들의 질문에 실시간으로 답변하고, 필요한 추가 설명을 제공합니다.

---

15) 자연어 처리는 컴퓨터가 인간의 언어를 이해하고 생성할 수 있도록 하는 기술입니다. 챗봇은 NLP를 통해 자연스러운 언어로 사용자와 상호작용하며 질문에 답변합니다.

[그림 Ⅰ-35] AI를 이용한 학습 도우미 (ChatGPT4)

(3) AI를 활용한 학습 성과 분석

학생들의 학습 성과를 분석하는 일은 많은 시간과 노력이 필요한 일이었습니다. 선생님들은 학생들의 시험 결과나 과제를 일일이 점검하고 분석해야 했습니다. 그러나 AI가 도입된 후로 이러한 일이 훨씬 수월해졌습니다. AI는 학생들의 학습 데이터를 분석하여 각 학생의 강점과 약점을 파악해줍니다. 예를 들어, AI는 학생이 자주 틀리는 문제 유형을 분석해 그에 맞는 추가 학습 자료를 제공합니다. 이를 통해 학생들은 자신의 약점을 보완하고, 선생님들은 더 효과적인 학습 지도를 할 수 있게 되었습니다. 하지만 AI 분석이 항상 완벽하지는 않아서, 선생님의 세심한 검토와 지도가 필요합니다.

적용기술	• 데이터 분석, 머신 러닝

설명	• 학생들의 학습 데이터를 분석하여 강점과 약점을 파악하고, 이에 맞춘 추가 학습 자료를 제공합니다.

[그림 Ⅰ-36] AI를 활용한 학습 성과 분석 (ChatGPT4)

(4) 실제 사례

한 학교에서는 AI 기반의 맞춤형 학습 플랫폼을 도입했습니다. 이 시스템은 학생들의 학습 패턴을 분석하고, 각 학생에게 최적화된 학습 계획을 제공해줬습니다. 덕분에 학생들은 자신의 속도에 맞춰 공부할 수 있었고, 학습 성과가 크게 향상되었습니다. 또 다른 학교에서는 AI 학습 도우미를 도입하여 학생들이 언제든지 질문할 수 있도록 했습니다. 이를 통해 학생들은 더 많은 도움을 받을 수 있었고, 학습의 연속성이 유지되었습니다.

이처럼 AI는 교육 분야에서 학생들의 학습을 더 효과적이고 개인화된 방식으로 도와주고 있습니다. AI 덕분에 학생들은 더 나은 학습 경험을 할 수 있고, 선생님들도 개별 학생에게 더 집중할 수 있게 되었습니다.

4) 교통

교통 시스템에서도 AI가 많은 변화를 가져오고 있습니다. AI는 자율 주행 자동차를 통해 안전한 운전을 도와주고, 교통 흐름을 분석해서 도로의 혼잡을 줄이며, 사고를 예방할 수 있습니다. 이를 통해 우리가 더 안전하고 편리하게 이동할 수 있게 되었습니다.

(1) 자율주행차

운전자가 직접 운전하는 일은 많은 주의와 집중이 필요했습니다. 특히 장거리 운전이나 복잡한 도로 상황에서는 피로와 스트레스가 컸습니다. 이제는 자율주행차가 이 문제를 해결해주고 있습니다. 자율주행차는 도로의 상황을 실시간으로 분석하고,. 최적의 경로를 찾아 안전하게 운전합니다. 예를 들어, 자율주행차는 주변 차량, 보행자, 도로 표지판 등을 인식하여 적절한 속도로 주행하고, 필요한 경우 멈추거나 차선을 변경합니다. 이를 통해 운전의 편리성이 크게 향상되고, 사고의 위험이 줄어들었습니다. 자율주행차의 가격이 아직 비싸고, 시스템의 안정성에 대한 우려가 있지만, 기술이 발전하면서 점점 더 많은 사람들이 자율주행차를 이용할 수 있을 것입니다.

적용 기술	• 컴퓨터 비전, 딥 러닝, 센서 융합[16]

설명	• 자율주행차는 도로의 상황을 실시간으로 분석하고, 최적의 경로를 찾아 안전하게 운전합니다.

---

16) 센서 융합은 여러 종류의 센서 데이터를 결합하여 더 정확한 정보를 얻는 기술입니다. 예를 들어, 자율주행차는 카메라, 레이더, 라이더 센서를 결합하여 주변 환경을 정확하게 인식하고 주행 경로를 계획합니다.

[그림 Ⅰ-37] 자율주행차 (ChatGPT4)

(2) 교통 흐름 예측 시스템

복잡한 도시에서는 교통 체증이 큰 문제였습니다. 출퇴근 시간대에는 도로가 막혀 이동 시간이 길어지고, 스트레스가 쌓였습니다. AI가 도입되면서 이 문제를 해결할 수 있게 되었습니다. AI는 실시간 교통 데이터를 분석하고, 예측 모델을 통해 교통 상황을 미리 알려줍니다. 예를 들어, AI는 특정 도로에서 교통량이 많아질 것을 예측하고, 대체 경로를 제시해줍니다. 이 시스템 덕분에 교통 체증을 피하고, 이동 시간을 단축할 수 있습니다. 물론 초기 도입 비용이 높고, 데이터의 정확성에 따라 예측 결과가 달라질 수 있지만, 전반적으로 교통 상황이 더 원활해졌습니다.

적용 기술	• 데이터 분석, 머신 러닝

설명	• 실시간 교통 데이터를 분석하여 교통 상황을 예측하고, 대체 경로를 추천합니다.

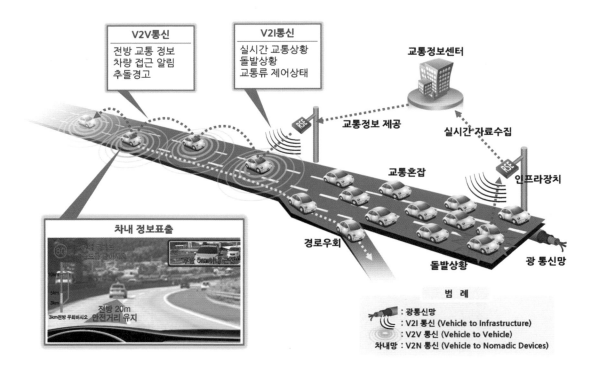

[그림 Ⅰ-38] 지능형 교통 체계 (국토교통부)

(3) 스마트 교차로

교차로에서의 사고는 다양한 이유로 발생할 수 있었습니다. 예를 들어, 신호를 보지 못하거나, 무리하게 차선을 변경하는 등으로 사고가 일어날 수 있었습니다. 스마트 교차로는 이러한 문제를 해결해주고 있습니다. AI는 교차로에 설치된 카메라와 센서를 통해 차량과 보행자의 움직임을 실시간으로 감지합니다. 예를 들어, AI는 차량이 교차로에 접근할 때 적절한 신호를 보내주고, 보행자가 도로를 건널 때 안전하게 건널 수 있도록 신호를 조절해줍니다. 이 시스템 덕분에 교차로에서의 사고가 줄어들고, 보행자의 안전이 보장되었습니다. 초기 설치 비용이 높고, 시스템의 유지보수가 필요하지만, 안전한 교통 환경이 만들어 졌습니다.

적용 기술	• 컴퓨터 비전, 센서 융합

설명	• 교차로에 설치된 카메라와 센서를 통해 차량과 보행자의 움직임을 실시간으로 감지하고, 적절한 신호를 조절합니다.

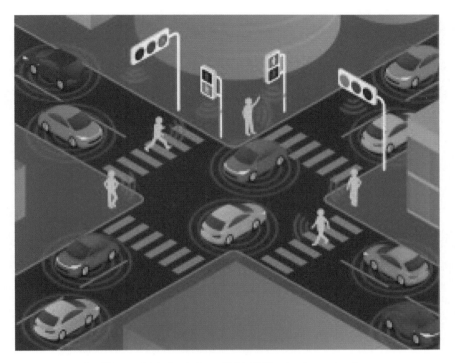

[그림 Ⅰ-39] 스마트 교차로 (RTsolutions Inc)

(4) 실제 사례

런던과 두바이 같은 도시는 AI 기반의 교통 흐름 예측 시스템을 도입했습니다. 이 시스템은 실시간으로 교통 상황을 분석하고, 출퇴근 시간대의 교통 체증을 예측하여 대체 경로를 추천해줍니다. 덕분에 시민들은 더 빠르고 편리하게 이동할 수 있게 되었습니다. 또 다른 도시는 스마트 교차로를 설치하여 보행자와 차량의 안전을 지키고 있습니다. AI는 교차로에서의 사고를 줄이고, 보행자들이 안전하게 도로를 건널 수 있도록 도와주고 있습니다.

이처럼 AI는 교통 분야에서 교통 흐름을 개선하고, 사고를 줄이며, 운전의 편리성을 높여주고 있습니다.

5) 제조업

제조업에서는 AI가 공장을 더 스마트하게 만들어줍니다. AI는 기계의 고장을 미리 예측해서 고치도록 하고, 로봇을 사용해 생산 라인을 자동화합니다. 이를 통해 공장에서는 더 빠르고 효율적으로 제품을 만들 수 있습니다.

(1) AI 기반의 품질 관리

과거에는 사람이 직접 제품의 결함을 찾아내야 했습니다. 하지만 이 과정은 시간이 많이 걸리고 실수도 발생할 수 있습니다. 이제 AI가 이 작업을 도와주고 있습니다. 예를 들어, AI 기반의 컴퓨터 비전 시스템은 고해상도 카메라를 사용해 생산 라인에서 제품을 실시간으로 검사합니다. AI는 결함을 빠르게 찾아내고, 문제가 있는 제품을 자동으로 제거합니다. 이를 통해 품질이 향상되고, 제품 리콜과 폐기물 발생이 줄어들었습니다. Suntory PepsiCo는 AI를 활용해 제품 라벨의 품질을 검사하고, 잘못된 라벨이 붙은 제품을 즉시 제거하는 시스템을 도입했습니다.

적용 기술	• 컴퓨터 비전, 머신 러닝

설명	• 고해상도 카메라와 컴퓨터 비전 기술을 사용하여 생산 라인에서 제품을 실시간으로 검사하고, 결함을 빠르게 찾아냅니다.

[그림 Ⅰ-40] AI 기반의 품질 관리 (ChatGPT4)

(2) 공정 자동화

반복적인 작업은 사람들에게 피로를 줄 수 있고, 실수가 발생할 가능성도 높습니다. AI를 활용한 공정 자동화는 이러한 문제를 해결해줍니다. AI는 공정 데이터를 분석해 최적의 작업 순서를 찾아내고, 로봇을 통해 작업을 자동으로 수행합니다. 예를 들어, BMW는 AI 기반의 이미지 인식 시스템을 도입해 자동차 부품의 품질을 검사하고, 공정 상의 오류를 실시간으로 수정하고 있습니다. 이를 통해 생산 속도와 정확성을 높일 수 있었습니다.

적용 기술	• 로보틱스, 머신 러닝
설명	• 로봇과 AI를 사용하여 공정을 자동화하고, 생산 속도와 정확성을 높입니다.

[그림 I-41] 공정 자동화 (ChatGPT4)

(3) 스마트 공장

스마트 공장은 센서와 클라우드 기술을 활용해 실시간으로 생산 현황을 모니터링하고, 데이터를 분석해 최적의 생산 환경을 유지합니다. 예를 들어, GE는 푸네에 스마트 공장을 세워 생산성을 높이고, 다운타임을 줄였습니다. 이 공장은 실시간 데이터 분석을 통해 기계의 효율성을 최대화하고, 작업의 연속성을 유지합니다.

적용 기술	• IoT(사물인터넷), 클라우드 컴퓨팅17), 데이터 분석
설명	• 센서와 클라우드 기술을 활용하여 실시간으로 생산 현황을 모니터링하고, 데이터를 분석해 최적의 생산 환경을 유지합니다.

[그림 Ⅰ-42] 스마트 공장 (ChatGPT4)

(4) 실제 사례

PepsiCo는 AI를 활용해 Cheetos의 생산 공정을 개선했습니다. AI는 생산 라인을 실시간으로 모니터링하고, 제품의 일관성을 유지하면서 생산 효율성을 높였습니다. 또한, AI는 센서를 통해 생산 과정에서 발생할 수 있는 문제를 감지하고, 자동으로 조정을 해줍니다. 덕분에 품질이 높은 제품을 일관되게 생산할 수 있었습니다.

이처럼 AI는 제조업에서 생산성을 높이고, 품질을 향상시키며, 비용을 절감하는 데 큰 도움을 주고 있습니다.

---

17) 클라우드 컴퓨팅은 인터넷을 통해 데이터 저장, 서버, 데이터베이스, 네트워킹, 소프트웨어 등을 제공하는 기술입니다. 이를 통해 대규모 데이터 처리를 효율적으로 수행하고, 실시간 데이터 분석을 가능하게 합니다.

6) 금융

금융 분야에서는 AI가 우리의 돈을 안전하게 지켜주고 있습니다. AI는 거래 패턴을 분석해서 사기를 미리 감지하고, 각 사람의 금융 습관을 분석해서 맞춤형 금융 상품을 추천해줍니다. 이를 통해 우리는 더 안전하고 편리한 금융 서비스를 받을 수 있습니다.

(1) 리스크 관리

금융 기관은 사람들이 돈을 빌릴 때, 그 돈을 잘 갚을 수 있을지 판단해야 합니다. 과거에는 주로 신용 점수와 과거 기록을 기반으로 했지만, 최근에는 더 많은 정보를 분석해서 판단할 수 있게 되었습니다. 예를 들어, AI는 사람들의 소비 습관, 소셜 미디어 활동, 휴대폰 사용 패턴 등을 종합적으로 분석합니다. 이를 통해 금융 기관은 더 정확하게 신용 위험을 평가할 수 있고, 고객들에게 맞춤형 서비스를 제공할 수 있습니다.

적용 기술	• 데이터 분석, 머신 러닝

설명	• 고객의 소비 습관, 소셜 미디어 활동, 휴대폰 사용 패턴 등을 분석하여 신용 위험을 평가합니다.

[그림 Ⅰ-43] 리스크 관리 (ChatGPT4)

(2) 사기 탐지

은행에서는 사기 거래를 막는 일이 매우 중요합니다. 과거에는 사기 거래를 발견하는 데 시간이 많이 걸렸지만, 이제는 실시간으로 거래를 분석해 이상 거래를 빠르게 찾아낼 수 있게 되었습니다. AI는 거래 패턴을 분석해 평소와 다른 이상한 거래를 감지하고, 사기 거래가 발생하면 즉시 경고를 보냅니다. 이를 통해 은행은 사기 거래를 신속하게 막고, 고객들의 돈을 안전하게 지킬 수 있습니다.

적용 기술	• 데이터 분석, 머신 러닝
설명	• 거래 패턴을 분석하여 평소와 다른 이상 거래를 감지하고, 사기 거래가 발생하면 경고를 보냅니다.

[그림 Ⅰ-44] 사기 탐지 (ChatGPT4)

(3) 맞춤형 금융 서비스 제공

과거에는 모든 사람에게 똑같은 금융 서비스를 제공했지만, AI의 도입으로 개인 맞춤형 서비스가 가능해졌습니다. AI는 각 사람의 필요와 선호를 분석해 맞춤형 금융 서비스를 제공합니다. 예를 들어, AI는 사람들이 어떻게 돈을 쓰는지 분석해서 그 사람에게 맞는 예산 계획을 세워주고, 투자 성향을 분석해서 적합한 투자 상품을 추천해줍니다. 이를 통해 사람들은 자신에게 꼭 맞는 금융 서비스를 받을 수 있습니다.

적용 기술	• 데이터 분석, 머신 러닝
설명	• 고객의 필요와 선호를 분석하여 맞춤형 금융 서비스를 제공합니다. 예를 들어, 맞춤형 예산 계획과 투자 상품을 추천합니다.

[그림 Ⅰ-45] 맞춤형 금융 서비스 제공 (ChatGPT4)

[4] 실제 사례

　JPMorgan Chase 은행은 AI를 사용해 사기 거래를 탐지하고, 고객의 신용 위험을 평가합니다. AI는 많은 거래 데이터를 분석해 이상한 거래를 실시간으로 감지하고, 고객의 신용을 정확하게 평가해줍니다. 덕분에 JPMorgan Chase 은행은 사기 거래를 효과적으로 막고, 고객들에게 더 안전한 금융 서비스를 제공할 수 있었습니다.

　이처럼 AI는 금융 분야에서 위험 관리, 사기 탐지, 맞춤형 금융 서비스 제공 등 다양한 부분에서 큰 도움이 되고 있습니다. AI의 도입으로 금융 서비스는 더 안전하고, 개인 맞춤형으로 제공되고 있습니다.

나. 일상생활에서의 AI 활용

우리의 일상생활에서도 AI는 다양한 방식으로 활용되고 있습니다. AI 기술은 우리의 생활을 더 편리하고 스마트하게 만들어주는데, 아마 많은 분이 이미 여러 번 사용해본 경험이 있을 것입니다.

이 장에서는 우리가 매일 접하는 AI 기술들이 어떻게 활용되는지 구체적인 예시를 통해 알아보겠습니다. 스마트 스피커, AI 카메라, 스트리밍 서비스의 추천 시스템, 스마트 가전제품, 그리고 자동 번역기 같은 AI 기술들이 우리 생활을 어떻게 변화시키고 있는지 확인해보겠습니다.

1) AI 스피커

AI 스피커는 집안에서 음성으로 다양한 작업을 할 수 있게 도와줍니다. 예를 들어, "오늘 날씨 어때?"라고 물으면 날씨 정보를 알려주고, "음악 틀어줘"라고 하면 좋아하는 음악을 재생해줍니다. AI는 음성 인식 기술을 사용해 우리의 말을 이해하고 적절한 반응을 합니다. 대표적인 스마트 스피커로는 아마존의 "Alexa"와 구글의 "Google Home"이 있습니다. 이 스피커들은 음악 재생뿐만 아니라, 일정 관리, 알람 설정, 스마트 홈 기기 제어 등 다양한 기능을 제공합니다. 덕분에 우리는 손을 쓰지 않고도 많은 일을 할 수 있게 되었습니다.

적용 기술	• 음성 인식, 자연어 처리, 음성 합성[18], 사용자 프로파일링[19]
설명	• AI는 사용자의 음성을 텍스트로 변환한 후, 자연어 처리 기술을 통해 의미를 이해하고 적절한 응답을 생성합니다. 음성 합성 기술을 통해 자연스러운 음성으로 응답하며, 사용자 프로파일링을 통해 개인 맞춤형 서비스를 제공합니다.

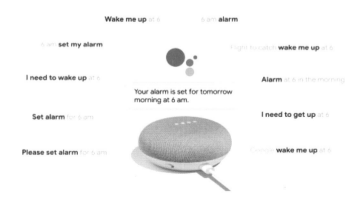

[그림 Ⅰ-46] Google의 AI스피커

---

18) 음성 합성은 텍스트를 자연스러운 음성으로 변환하는 기술입니다. 이 기술은 스마트 스피커와 같은 디바이스에서 사용되어, 사용자가 요청한 정보를 음성으로 제공하거나 명령에 대해 음성으로 응답할 수 있도록 합니다.

19) 사용자 프로파일링은 개인 사용자의 행동, 취향, 습관 등을 분석하여 맞춤형 서비스를 제공하는 기술입니다. 이를 통해 사용자는 개인화된 경험을 할 수 있으며, 더 정확한 추천과 맞춤형 콘텐츠를 제공받을 수 있습니다.

2) 스마트폰의 AI 카메라

스마트폰 카메라는 AI를 통해 사진을 더 예쁘게 찍을 수 있도록 도와줍니다. AI는 얼굴 인식, 배경 흐리기, 자동 조명 조절 등 다양한 기능을 제공합니다. 그래서 우리가 특별히 조작하지 않아도 멋진 사진을 찍을 수 있습니다. 예를 들어, 단체 사진을 찍을 때 AI가 자동으로 모든 사람의 얼굴을 인식해 초점을 맞춰줍니다.

삼성의 "갤럭시" 시리즈와 애플의 "아이폰"은 이러한 AI 카메라 기능을 제공합니다. AI 카메라는 저조도에서도 밝게 찍어주고, 움직임을 감지해 흔들림 없는 사진을 찍어주는 등 다양한 편리한 기능을 갖추고 있습니다.

적용 기술	• 컴퓨터 비전, 이미지 처리, 딥 러닝, 객체 인식[20]

설명	• AI는 이미지를 분석하여 얼굴을 인식하고, 배경을 흐리게 하며, 조명을 자동으로 조절합니다. 딥 러닝 기술을 사용해 이미지를 더 정교하게 분석하고, 객체 인식을 통해 사진의 품질을 높입니다.

AI ISP 적용 전 **AI ISP 적용 후**

[그림 Ⅰ-47] 갤럭시S24 울트라에 적용된 AI 기술 (삼성전자 뉴스룸)

---

20) 객체 인식은 이미지나 영상에서 특정 객체를 식별하고 위치를 찾는 기술입니다. 스마트폰 카메라에서는 얼굴, 사물 등을 인식하여 최적의 촬영 설정을 자동으로 조절합니다.

3) 스트리밍 서비스의 추천 시스템

영화나 음악 스트리밍 서비스는 AI를 통해 사용자가 좋아할 만한 콘텐츠를 추천해줍니다. AI는 우리가 이전에 본 영화나 들은 음악을 분석해 비슷한 취향의 콘텐츠를 찾아줍니다. 그래서 우리는 매번 새로운 콘텐츠를 쉽게 발견할 수 있습니다. 예를 들어, 넷플릭스의 영화 추천 시스템이나 스포티파이의 음악 추천 시스템이 이에 해당합니다. 넷플릭스는 우리가 시청한 영화와 드라마의 장르, 배우, 감독 등을 분석해 비슷한 작품을 추천해주고, 스포티파이는 우리가 자주 듣는 음악 스타일을 기반으로 새로운 음악을 제안해줍니다.

적용 기술	• 머신 러닝, 데이터 분석, 협업 필터링[21], 콘텐츠 기반 필터링[22]

설명	• AI는 사용자의 시청 및 청취 기록을 학습하여 패턴을 인식하고, 이를 기반으로 맞춤형 콘텐츠를 추천합니다. 협업 필터링 기술을 통해 비슷한 취향을 가진 다른 사용자의 데이터를 활용하며, 콘텐츠 기반 필터링을 통해 콘텐츠의 특성을 분석합니다.

[그림 I-48] Netflix의 추천 시스템

---

21) 협업 필터링은 사용자들의 과거 행동과 선택을 분석하여 비슷한 취향을 가진 다른 사용자들의 데이터를 기반으로 추천을 제공하는 기술입니다. 스트리밍 서비스에서 많이 사용되며, 비슷한 취향을 가진 사용자들이 좋아하는 콘텐츠를 추천합니다.
22) 콘텐츠 기반 필터링은 콘텐츠 자체의 특성을 분석하여 사용자에게 맞는 콘텐츠를 추천하는 기술입니다. 사용자가 좋아하는 영화나 음악의 장르, 주제, 스타일 등을 분석하여 비슷한 콘텐츠를 찾아 추천합니다.

4) 스마트 가전제품

스마트 가전제품은 AI를 통해 더 똑똑하게 작동합니다. 예를 들어, AI 냉장고는 내부에 있는 식품을 인식하고 유통기한이 다가오면 알려줍니다. 또한, 우리가 자주 먹는 식품을 기억하고 부족해지면 자동으로 주문해줄 수도 있습니다. LG의 "스마트 씽큐" 냉장고와 삼성의 "패밀리 허브" 냉장고가 이러한 기능을 제공합니다. 이 냉장고들은 내부 카메라로 냉장고 안을 보여주기도 하고, 레시피를 추천해주기도 합니다. 덕분에 우리는 식재료 관리가 훨씬 수월해졌습니다.

적용 기술	• 사물인터넷(IoT), 머신 러닝, 컴퓨터 비전, 클라우드 컴퓨팅

설명	• AI는 가전제품의 센서를 통해 데이터를 수집하고, 이를 분석하여 최적의 상태로 작동하도록 제어합니다. 컴퓨터 비전 기술을 통해 식품을 인식하고, 클라우드 컴퓨팅을 통해 데이터를 저장 및 분석합니다.

[그림 Ⅰ-49] 인공지능 기술이 적용된 로봇 청소기 (삼성전자 홈페이지)

5) 자동 번역기

여행을 하거나 외국어로 된 글을 읽을 때, 자동 번역기는 큰 도움이 됩니다. AI는 문장을 다른 언어로 빠르게 번역해줍니다. 예를 들어, 외국어로 된 메뉴판을 번역하면 우리가 무엇을 주문할 수 있는지 쉽게 알 수 있습니다. 구글 번역기와 파파고 같은 앱들이 이러한 자동 번역 기능을 제공합니다. 이 앱들은 카메라로 텍스트를 촬영하면 실시간으로 번역해주고, 음성을 입력하면 즉시 번역된 음성으로 들려주기도 합니다. 여행할 때나 외국어 공부할 때 유용합니다.

적용 기술	• 자연어 처리, 머신 러닝, 신경망 기계 번역[23], 음성 인식
설명	• AI는 입력된 텍스트나 음성을 분석하고, 다른 언어로 번역하는 과정을 거칩니다. 신경망 기계 번역 기술을 사용하여 더 자연스럽고 정확한 번역을 제공하며, 음성 인식 기술을 통해 음성을 텍스트로 변환합니다.

[그림 Ⅰ-50] 다양한 인공지능 언어 번역 서비스 (왼쪽부터 네이버 파파고, 구글 번역, DeepL)

이처럼 AI는 우리의 일상생활에서 많은 부분을 도와주고 있습니다. 더 스마트하고 편리한 삶을 위해 AI가 어떻게 활용되는지 알아보았습니다.

---

23) 신경망 기계 번역은 인공 신경망을 사용하여 문장이나 텍스트를 다른 언어로 번역하는 기술입니다. 기존의 번역 방식보다 더 자연스럽고 정확한 번역을 제공하며, 문맥을 이해하고 번역합니다.

다. AI의 미래 전망

AI는 다양한 산업에서 혁신을 일으키고 있습니다. 각 산업에서는 AI를 통해 효율성을 높이고, 비용을 절감하며, 더 나은 서비스를 제공할 수 있게 되었습니다. 이 장에서는 농업, 의료, 교육, 교통, 제조업, 금융 등 여러 산업에서 AI가 어떻게 활용되고 있는지 구체적인 사례를 통해 알아보겠습니다. AI 기술이 각 산업에서 어떤 문제를 해결하고, 어떤 변화를 가져왔는지 흥미로운 예시들을 통해 확인해보겠습니다.

1) 더 똑똑해지는 AI

AI 기술은 계속해서 발전하고 있습니다. 지금보다 훨씬 더 똑똑해지고, 다양한 분야에서 더 많이 사용될 것입니다. 최신 AI 기술 발전 동향을 살펴보면, 구글의 "Bard"와 OpenAI의 "ChatGPT-4" 같은 최신 AI 모델들이 주목받고 있습니다. 이 AI들은 사람의 말을 더 잘 이해하고, 더 자연스럽게 대화할 수 있습니다. 예를 들어, ChatGPT-4는 더 많은 데이터를 학습하고, 더 복잡한 문맥을 이해하여 사람과의 대화에서 더욱 자연스러운 응답을 제공할 수 있습니다. 구글의 Bard는 실시간 데이터와 연결되어 최신 정보를 제공하는 데 탁월합니다.

[표 Ⅰ-1] 최신 AI기술

AI기술	설명
ChatGPT-4	OpenAI의 최신 언어 모델로, 더 많은 데이터를 학습하고, 더욱 복잡한 문맥을 이해하며, 사람과의 대화에서 자연스럽고 정확한 응답을 제공합니다. 이 기술은 교육, 상담, 고객 서비스 등 다양한 분야에서 활용될 수 있습니다. 예를 들어, ChatGPT-4는 학생들이 궁금한 점을 물어보면, 자세하고 이해하기 쉬운 답변을 제공해 학습에 도움을 줄 수 있습니다.
구글 Bard	구글의 새로운 AI 모델로, 실시간 데이터와 연결되어 최신 정보를 제공합니다. 이는 검색 엔진과 통합되어 사용자가 질문하면 최신 정보를 기반으로 답변을 제공할 수 있습니다. 예를 들어, 사용자가 실시간 뉴스나 주식 정보를 묻는다면, Bard는 가장 최신 데이터를 바탕으로 정확한 답변을 제공할 수 있습니다.
DALL-E 2	OpenAI가 개발한 이미지 생성 AI로, 텍스트 설명을 바탕으로 이미지를 생성할 수 있습니다. 예를 들어, "빨간 모자를 쓴 고양이"라고 입력하면, DALL-E 2는 그 설명에 맞는 이미지를 만들어낼 수 있습니다. 이는 디자인, 예술 창작 등에서 큰 도움이 됩니다.
MidJourney	MidJourney는 AI를 이용해 사용자가 상상하는 장면을 텍스트로 입력하면, 이를 기반으로 고화질 이미지를 생성해주는 서비스입니다. 예를 들어, "판타지 세계의 숲 속"이라고 입력하면, 그에 맞는 아름다운 숲 이미지를 생성할 수 있습니다. 이는 게임 개발, 영화 제작 등에서 활용될 수 있습니다.
Codex	OpenAI의 또 다른 모델로, 자연어를 코딩 언어로 변환할 수 있는 AI입니다. 예를 들어, "파이썬으로 간단한 계산기 프로그램을 만들어줘"라고 하면, Codex는 이에 맞는 코드를 작성해줄 수 있습니다. 이는 프로그래밍을 배우는 학생들이나 개발자들에게 큰 도움이 됩니다.

이렇게 발전된 AI 기술들은 우리 생활을 더욱 편리하고 스마트하게 만들어줄 것입니다. 우리는 AI와 더 쉽게 소통하고, 더 많은 정보를 얻을 수 있게 될 것입니다.

2) 기대되는 AI의 미래

AI 기술의 발전은 다양한 분야에서 긍정적인 변화를 가져올 것으로 기대됩니다. 전문가들이 예상하는 긍정적인 미래상을 살펴보겠습니다.

(1) 의료 분야에서의 AI 발전

AI는 의료 분야에서 혁신을 일으킬 것입니다. AI는 질병을 더 빠르고 정확하게 진단하고, 환자들에게 맞춤형 치료를 제공할 수 있게 도와줄 것입니다. 예를 들어, AI는 X-ray나 MRI 이미지를 분석해 병을 조기에 발견하고, 의사에게 중요한 정보를 제공할 수 있습니다. 또한, AI는 환자의 건강 데이터를 분석해 개인 맞춤형 건강 관리를 제공해줍니다. 이를 통해 환자들은 더 나은 치료를 받을 수 있습니다.

(2) 교육에서의 AI

AI는 교육 분야에서도 큰 변화를 일으킬 것입니다. AI는 학생들의 학습 수준을 분석해 각자에게 맞는 학습 방법을 추천해줍니다. 예를 들어, AI 기반의 학습 앱은 학생들이 이해하지 못한 부분을 찾아내고, 더 쉽게 이해할 수 있도록 도와줍니다. AI는 교사들이 학생들을 더 효과적으로 가르칠 수 있도록 돕는 도구가 될 것입니다. 이렇게 되면 학생들은 더 효과적으로 공부할 수 있게 됩니다.

(3) 더 안전한 교통

AI는 교통 분야에서도 많은 변화를 가져올 것입니다. AI는 자율주행차를 더 안전하게 만들고, 교통 신호를 효율적으로 관리해 교통 체증을 줄여줄 것입니다. 예를 들어, AI가 교통 상황을 실시간으로 분석해 가장 빠른 경로를 안내하면, 우리는 더 빨리 목적지에 도착할 수 있습니다. AI는 교통 사고를 예방하고, 더 안전한 도로 환경을 만들어줄 것입니다.

(4) 스마트한 가정

미래에는 AI가 가정에서도 많은 역할을 할 것입니다. AI는 스마트 가전제품을 더 똑똑하게 만들어 우리의 생활을 더 편리하게 해줍니다. 예를 들어, AI 냉장고는 우리가 자주 먹는 음식을 기억하고, 부족해지면 자동으로 주문해줍니다. 또한, AI는 에너지 사용을 효율적으로 관리해 전기 요금을 절약할 수 있게 도와줍니다. AI 스피커, AI 청소 로봇 등 다양한 스마트 가전제품들이 우리의 일상을 더 편리하게 만들어줄 것입니다.

(5) 더 나은 금융 서비스

AI는 금융 분야에서도 많은 변화를 가져올 것입니다. AI는 금융 거래를 분석해 사기 행위를 빠르게 탐지하고, 각자에게 맞는 금융 상품을 추천해줍니다. 예를 들어, AI는 사용자의 금융 데이터를 분석해 맞춤형 투자 조언을 해주고, 위험을 최소화할 수 있는 방법을 추천해줍니다. 이렇게 되면 우리는 더 안전하고 편리하게 금융 서비스를 이용할 수 있습니다.

이처럼 AI는 다양한 분야에서 긍정적인 변화를 가져올 것입니다. AI 덕분에 우리는 더 건강하고, 더 잘 배울 수 있으며, 더 안전하게 이동하고, 더 편리하게 생활할 수 있게 될 것입니다. AI의 발전은 우리의 삶을 더욱 풍요롭고 편리하게 만들어줄 것입니다.

3) 걱정되는 AI의 미래

AI의 발전은 많은 긍정적인 영향을 미치지만, 동시에 여러 부정적인 결과를 초래할 수도 있습니다. 전문가들이 우려하는 부정적인 미래상을 살펴보겠습니다.

(1) 일자리 감소

AI가 많은 일을 자동화하면서 사람들의 일자리가 줄어들 수 있습니다. 예를 들어, 공장에서 일하던 사람들이 AI 로봇으로 대체되면 일자리를 잃을 수 있습니다. 이는 많은 사람들이 새로운 일자리를 찾기 어렵게 만들고, 경제적인 어려움을 초래할 수 있습니다.

자동차 제조업체에서 AI 로봇이 조립 라인의 많은 부분을 자동화하면서, 수많은 노동자들이 일자리를 잃은 사례가 있습니다.

(2) 프라이버시 침해

AI가 사람들의 데이터를 많이 수집하고 분석하면서, 우리의 개인 정보가 침해될 수 있습니다. 예를 들어, AI가 우리의 인터넷 사용 기록, 위치 정보 등을 수집해서 광고를 맞춤형으로 제공할 때, 우리의 사생활이 노출될 위험이 있습니다.

페이스북의 Cambridge Analytica 사건이 있습니다. 이 사건에서 수많은 사용자들의 데이터가 무단으로 수집되고 사용되면서 큰 논란이 일었습니다.

(3) 의사결정의 불투명성

AI가 많은 결정을 내리게 되면서, 그 결정의 이유를 이해하기 어려울 수 있습니다. 예를 들어, AI가 금융 대출 신청을 거절할 때, 그 이유를 명확하게 설명하지 못하면 사람들이 불공정하게 느낄 수 있습니다. 대표적인 사례로, AI가 채용 과정에서 특정 인종이나 성별을 차별하는 결정을 내린 경우가 있습니다. 이는

AI 알고리즘의 편향성 때문에 발생한 문제입니다.

(4) AI의 오용 가능성

　　AI 기술이 악용될 수 있는 가능성도 있습니다. 예를 들어, AI를 사용해 가짜 뉴스를 만들거나, 사이버 공격을 할 수 있습니다. 이는 사회적 혼란을 초래하고, 사람들에게 큰 피해를 줄 수 있습니다.

　　딥페이크 기술이 악용되어 유명 인사들의 가짜 영상을 만들어 유포한 경우가 있습니다. 이는 개인의 명예를 훼손하고, 사회적 혼란을 초래할 수 있습니다.

(5) 윤리적 문제

　　AI의 결정 과정에서 윤리적 문제가 발생할 수 있습니다. 예를 들어, AI가 사람을 판단하고 평가하는 과정에서 편향되거나 차별적인 결과를 낼 수 있습니다. 이는 사회적 불평등을 심화시킬 수 있습니다.

　　경찰에서 사용되는 얼굴 인식 기술이 특정 인종을 차별하는 문제를 일으킨 경우가 있습니다. 이는 기술의 편향성 때문에 발생한 문제로, 많은 논란이 되었습니다.

　　이처럼 AI의 발전은 여러 부정적인 영향을 미칠 수 있습니다. 우리는 이러한 문제들을 인식하고, AI를 올바르게 사용하기 위한 대비가 필요합니다. AI를 개발하고 사용하는 과정에서 윤리적이고 책임감 있는 태도가 중요하며, 프라이버시 보호와 투명성 확보를 위한 법적, 기술적 장치가 필요합니다.

4) 미래를 준비하는 우리의 자세

　　이제 우리는 AI 기술이 농업, 의료, 교육, 교통, 제조업, 금융 등 다양한 분야에서 어떻게 사용되고 있는지, 그리고 AI가 미래에 어떤 긍정적 또는 부정적인 영향을 미칠 수 있는지 배웠습니다.

　　마지막으로, AI 기술에 대해 어떤 생각과 태도를 가지고 활용해야 할지, 그리고 어떤 지식과 기술을 습득하면 좋을지 종합적으로 정리해보겠습니다.

(1) AI 기술에 대한 생각과 태도

① 긍정적인 태도와 호기심

　　AI 기술은 우리 생활을 더 편리하고 스마트하게 만들어줄 수 있습니다. 여러분은 AI가 어떻게 우리 생활을 개선하는지에 대해 긍정적인 태도를 가지는 것이 중요합니다. 또한, AI 기술에 대해 호기심을 가지고 더 많이 배우려고 노력하는 것이 좋습니다. AI가 어떻게 작동하는지, 어떤 문제를 해결할 수 있는지에 대해 관심을 가지면 좋을 것입니다.

② 비판적인 사고와 윤리적인 판단

AI 기술이 항상 긍정적인 영향만 미치는 것은 아닙니다. AI 기술의 한계와 문제점을 인식하고, 비판적으로 생각하는 태도도 필요합니다. 예를 들어, AI가 개인정보를 어떻게 다루는지, AI의 결정이 공정한지 등을 생각해보십시오. 또한, AI를 사용할 때는 윤리적인 판단을 해야 합니다. AI를 올바르게 사용하고, 다른 사람에게 피해를 주지 않도록 주의해야 합니다.

(2) 습득해야 할 지식과 기술

① 기본적인 코딩 지식

AI의 기초가 되는 코딩 지식을 배우는 것이 중요합니다. 코딩을 통해 AI가 어떻게 작동하는지 이해할 수 있고, 직접 간단한 AI 프로그램을 만들어볼 수도 있습니다. 예를 들어, 스크래치(Scratch) 같은 프로그램을 통해 코딩의 기초를 배울 수 있습니다.

② 데이터 분석 능력

AI는 많은 데이터를 분석해서 결정을 내리는 기술입니다. 데이터를 이해하고 분석하는 능력을 기르는 것이 중요합니다. 엑셀이나 구글 스프레드시트 같은 도구를 사용해 데이터를 정리하고 분석하는 연습을 해보십시오.

③ AI 활용 사례 공부

AI가 다양한 분야에서 어떻게 활용되고 있는지 계속해서 공부하십시오. 농업, 의료, 교육, 교통, 제조업, 금융 등 여러 분야에서 AI가 어떻게 사용되는지 알아보는 것이 중요합니다. 예를 들어, AI가 농업에서 어떻게 작물의 상태를 모니터링하고, 의료에서 어떻게 질병을 진단하는지 등을 공부해보십시오.

③ 비판적 사고와 문제 해결 능력

AI 기술을 비판적으로 바라보고, 그 한계와 문제점을 파악하는 능력을 기르십시오. 또한, AI를 활용해 실제 문제를 해결하는 능력을 키우는 것이 중요합니다. 예를 들어, AI가 잘못된 결정을 내렸을 때 어떻게 수정할 수 있는지, AI를 사용해 환경 문제를 해결할 수 있는 방법은 무엇인지 등을 생각해보십시오.

AI 기술은 우리의 삶을 더 편리하고 풍요롭게 만들어줄 수 있지만, 동시에 여러 문제점을 가지고 있습니다. 여러분은 AI에 대해 긍정적인 태도와 호기심을 가지면서도, 비판적인 사고와 윤리적인 판단을 함께 기르는 것이 중요합니다. 기본적인 코딩 지식과 데이터 분석 능력을 키우고, AI 활용 사례를 공부하며, 비판적 사고와 문제 해결 능력을 기르면 AI 시대에 잘 대비할 수 있을 것입니다. AI와 함께 더 나은 미래를 만들어갑시다.

AI 일반 지식 자격 시험 문제

[4지선다형]

01. AI는 의료 분야에서 무엇을 도와주나요?

① 의료 진단

② 도로 건설

③ 스포츠 경기 운영

④ 패션 디자인

▶ 정답 ①

▶ 해설
AI는 의료 진단에서 데이터를 분석하고 질병을 예측하여 의료진의 의사 결정을 돕습니다.

02. AI가 경제 분야에 미치는 영향으로 올바른 것을 고르세요.

① 일자리 감소와 경제적 불평등

② 요리 방법 개선

③ 예술 작품 창작

④ 스포츠 경기 관람

▶ 정답 ①

▶ 해설
AI는 자동화 기술로 인해 일부 일자리가 줄어들 수 있으며, 경제적 불평등을 심화시킬 수 있습니다.

03. AI가 사회적으로 미치는 영향에 대한 설명 중 틀린 것을 고르세요.

① AI는 얼굴 인식 기술을 통해 사람들의 일상을 모니터링할 수 있습니다.

② AI는 개인의 프라이버시를 보호하기 위해 설계되었습니다.

③ AI는 감시 시스템을 통해 범죄 예방에 도움을 줄 수 있습니다.

④ AI는 권위주의적 정부에 의해 악용될 가능성이 있습니다.

▶ 정답 ②

▶ 해설
AI는 프라이버시를 침해할 수 있는 잠재력이 있으며, 이는 AI 시스템 설계 시 중요한 고려사항입니다.

04. AI가 과학과 연구에 미치는 영향에 대해 올바른 것을 고르세요.

① AI는 실험 데이터를 분석하고 새로운 발견을 도출하는 데 도움을 줄 수 있습니다.

② AI는 인간의 창의성을 완전히 대체할 수 있습니다.

③ AI는 연구 논문을 자동으로 작성해 줍니다.

④ AI는 과학 실험의 결과를 항상 예측할 수 있습니다.

▶ 정답 ①

▶ 해설
AI는 대량의 실험 데이터를 효율적으로 분석하고, 새로운 과학적 발견을 지원하는 데 유용합니다.

05. 인공지능(AI)의 정의는 무엇인가요?

① 인간의 지능적 행동을 모방하거나 재현하는 컴퓨터 시스템

② 자연어 처리를 통해 인간과 소통하는 기술

③ 컴퓨터 게임을 하는 기술

④ 로봇을 만드는 기술

▸ 정답 ①

▸ 해설
인공지능(AI)은 인간의 지능적 행동을 모방하거나 재현하는 컴퓨터 시스템을 의미합니다.

06. 앨런 튜링이 제안한 튜링 테스트의 목적은 무엇인가요?

① 기계의 연산 능력을 평가하기 위해

② 기계가 인간과 구별되지 않도록 대화할 수 있는지 평가하기 위해

③ 컴퓨터 하드웨어의 성능을 측정하기 위해

④ 기계가 스스로 학습할 수 있는지 확인하기 위해

▸ 정답 ②

▸ 해설
튜링 테스트는 기계가 인간과 구별되지 않도록 대화할 수 있는지를 평가하기 위해 제안되었습니다.

07. 1956년 다트머스 회의에서 처음 사용된 용어는 무엇인가요?

① 머신 러닝

② 딥 러닝

③ 인공지능

④ 데이터 사이언스

▸ 정답 ③

▸ 해설
1956년 다트머스 회의에서 처음 사용된 용어는 인공지능(Artificial Intelligence)입니다.

08. 인공지능 초기 연구자들이 사용한 주요 알고리즘은 무엇인가요?

① 신경망

② 유전 알고리즘

③ 로직과 탐색 알고리즘

④ 강화 학습

▸ 정답 ③

▸ 해설
인공지능 초기 연구자들은 로직과 탐색 알고리즘을 사용하여 문제를 해결하려고 했습니다.

09. 머신 러닝의 정의는 무엇인가요?

① 컴퓨터가 명시적인 프로그래밍 없이 데이터로부터 학습하는 능력

② 인간의 뇌 구조를 모방한 컴퓨터 시스템

③ 텍스트 데이터를 처리하는 기술

④ 이미지를 인식하는 기술

▸ 정답 ①

▸ 해설
머신 러닝은 컴퓨터가 명시적인 프로그래밍 없이 데이터로부터 학습하는 능력을 의미합니다.

10. 딥 러닝은 어떤 기술을 활용하나요?

① 선형 회귀

② 로지스틱 회귀

③ 다층 신경망

④ 서포트 벡터 머신

11. 자연어 처리(NLP)는 무엇을 다루는 기술인가요?

① 이미지 분석

② 텍스트 데이터의 이해와 생성

③ 음성 인식

④ 비디오 처리

12. 강화 학습의 주요 특징은 무엇인가요?

① 정답 데이터를 기반으로 학습한다.

② 에이전트가 환경과 상호작용하며 보상을 최대화하는 행동을 학습한다.

③ 데이터의 차원을 축소한다.

④ 유사한 데이터를 군집화한다.

13. 인공지능 윤리의 주요 목표는 무엇인가요?

① 기술의 빠른 발전을 촉진하는 것

② 기술이 인간의 권리를 존중하고 사회적 가치를 지키도록 하는 것

③ 시스템의 성능을 향상시키는 것

④ 기술의 상용화를 촉진하는 것

14. 정보보호의 중요성은 무엇인가요?

① 시스템의 속도를 높이기 위해

② 개인의 민감한 정보를 안전하게 관리하기 위해

③ 시스템의 크기를 줄이기 위해

④ 기술을 더욱 강력하게 만들기 위해

15. 인공지능의 편향성 문제는 무엇을 초래할 수 있나요?

① 시스템의 성능 저하

② 공정하지 않은 결과

③ 데이터 수집의 어려움

④ 처리 속도 증가

16. 인공지능의 블랙박스 문제를 해결하기 위한 방안은 무엇인가요?

① 더 복잡한 모델을 사용하는 것

② 해석 가능한 인공지능을 개발하는 것

③ 데이터를 더 많이 수집하는 것

④ 시스템의 속도를 높이는 것

17. 인공지능이 일자리 창출에 기여할 수 있는 방법은 무엇인가요?

① 모든 직업을 자동화한다.

② 데이터 과학자, 머신 러닝 엔지니어 등 새로운 직업을 창출한다.

③ 기존 직업을 줄인다.

④ 일자리 수를 그대로 유지한다.

18. 인공지능의 발전이 의료 분야에 미치는 영향은 무엇인가요?

① 진단 정확도를 낮춘다.

② 개인화된 치료 계획을 수립할 수 있다.

③ 의료 비용을 증가시킨다.

④ 의료 데이터 분석을 어렵게 한다.

19. 머신 러닝의 지도 학습에서 사용되는 데이터 유형은 무엇인가요?

① 레이블이 없는 데이터

② 레이블이 있는 데이터

③ 무작위 데이터

④ 텍스트 데이터

20. 비지도 학습의 주요 목적은 무엇인가요?

① 정답을 예측하는 것

② 데이터의 구조를 학습하는 것

③ 강화 학습을 수행하는 것

④ 데이터의 크기를 줄이는 것

▶ 정답 ②

▶ 해설
비지도 학습의 주요 목적은 데이터의 구조를 학습하는 것입니다.

21. 딥 러닝에서 사용되는 인공 신경망의 기본 단위는 무엇인가요?

① 뉴런

② 트랜지스터

③ 큐비트

④ 논리 게이트

▶ 정답 ①

▶ 해설
딥 러닝에서 사용되는 인공 신경망의 기본 단위는 뉴런입니다.

22. CNN(Convolutional Neural Network)의 주요 응용 분야는 무엇인가요?

① 자연어 처리

② 이미지 인식

③ 음성 인식

④ 데이터 군집화

▶ 정답 ②

▶ 해설
CNN(Convolutional Neural Network) 은 주로 이미지 인식 분야에 응용됩니다.

23. RNN(Recurrent Neural Network)의 주요 특징은 무엇인가요?

① 병렬 데이터 처리

② 시퀀스 데이터 처리

③ 이미지 데이터 처리

④ 텍스트 데이터 생성

▶ 정답 ②

▶ 해설
RNN(Recurrent Neural Network) 은 시퀀스 데이터를 처리하는 데 사용됩니다.

24. 자연어 처리(NLP)에서 토큰화는 무엇을 의미하나요?

① 데이터를 클러스터링하는 것

② 텍스트를 의미 있는 단위로 분할하는 것

③ 음성을 텍스트로 변환하는 것

④ 이미지에서 텍스트를 추출하는 것

▶ 정답 ②

▶ 해설
자연어 처리(NLP)에서 토큰화는 텍스트를 의미 있는 단위로 분할하는 것을 의미합니다.

25. 강화 학습에서 에이전트의 목적은 무엇인가요?

　① 환경의 변화를 예측하는 것

　② 보상을 최대화하는 행동을 학습하는 것

　③ 데이터를 정렬하는 것

　④ 시스템의 성능을 평가하는 것

▶ 정답 ②

▶ 해설
강화 학습에서 에이전트의 목적은 보상을 최대화하는 행동을 학습하는 것입니다.

26. 기계 학습에서 '훈련 데이터'의 역할은 무엇인가요?

　① 시스템의 성능을 평가한다

　② 모델이 학습하도록 돕는다

　③ 데이터를 정렬한다

　④ 시스템을 초기화한다

▶ 정답 ②

▶ 해설
기계 학습에서 '훈련 데이터'의 역할은 모델이 학습하도록 돕는 것입니다.

27. 인공지능의 발전이 사회에 미치는 긍정적인 영향은 무엇인가요?

　① 일자리 감소

　② 경제적 불평등 심화

　③ 생산성 향상

　④ 프라이버시 침해

▶ 정답 ③

▶ 해설
인공지능의 발전은 생산성을 향상시켜 사회에 긍정적인 영향을 미칠 수 있습니다.

28. 인공지능의 '약한 인공지능(ANI)'이란 무엇인가요?

　① 인간과 유사한 수준의 지능을 가지며 다양한 과제를 수행할 수 있는 인공지능

　② 특정 작업을 수행하도록 설계된 인공지능

　③ 감정을 이해하는 인공지능

　④ 자율적으로 학습하는 인공지능

▶ 정답 ②

▶ 해설
인공지능의 '약한 인공지능(ANI)'은 특정 작업을 수행하도록 설계된 인공지능을 의미합니다.

29. 인공지능의 '강한 인공지능(AGI)'이란 무엇인가요?

　① 특정 작업을 수행하도록 설계된 인공지능

　② 인간과 유사한 수준의 지능을 가지며 다양한 과제를 수행할 수 있는 인공지능

　③ 데이터를 클러스터링하는 인공지능

　④ 데이터를 분석하는 인공지능

▶ 정답 ②

▶ 해설
인공지능의 '강한 인공지능(AGI)'은 인간과 유사한 수준의 지능을 가지며 다양한 과제를 수행할 수 있는 인공지능을 의미합니다.

30. 머신 러닝에서 '비지도 학습'의 대표적인 알고리즘은 무엇인가요?

① 선형 회귀

② 로지스틱 회귀

③ K-평균 군집화

④ 서포트 벡터 머신

> **정답** ③
>
> **해설**
> 머신 러닝에서 '비지도 학습'의 대표적인 알고리즘은 K-평균 군집화입니다.

31. AI는 농업에서 무엇을 도와주나요?

① 작물 상태 모니터링

② 자동차 운전

③ 음악 작곡

④ 음식 요리

> **정답** ①
>
> **해설**
> AI를 이용한 농업 기술은 농업 분야에서 필요한 노동력을 줄이고 자동화를 통한 생산성 증대를 가능하게 합니다.

32. 농장에서 드론은 어떤 역할을 하나요?

① 작물을 심습니다.

② 하늘에서 사진을 찍고 AI가 분석해 작물 상태를 알려줍니다.

③ 물을 뿌립니다.

④ 잡초를 제거합니다.

> **정답** ②
>
> **해설**
> 드론과 AI의 결합은 농작물 관리를 위한 정밀 농업의 핵심 도구로 자리 잡고 있으며, 드론이 촬영한 이미지를 분석하여 작물의 건강 상태를 실시간으로 모니터링하고 적절한 조치를 취할 수 있도록 지원합니다.

33. AI를 이용한 수확 로봇은 농장에서 무엇을 하나요?

① 농기구를 수리합니다.

② 농기계를 운전합니다.

③ 작물이 다 자랐는지 확인하고 수확합니다.

④ 농부들을 돕기 위해 요리를 합니다.

> **정답** ③
>
> **해설**
> AI 수확 로봇은 인공 지능 기술을 활용하여 농작물의 성장 상태를 파악하고, 정확한 시기에 농작물을 수확함으로써 수확의 정확도를 높이고 작업의 효율성을 개선합니다.

34. 스마트 관개 시스템은 어떤 정보를 분석하나요?

① 음악과 영화

② 자동차 경주 결과

③ 날씨와 토양 습도

④ 옷의 유행

> **정답** ③
>
> **해설**
> 스마트 관개 시스템은 기상 조건과 토양 상태를 지속적으로 모니터링하여 물의 사용을 최적화하고 농작물의 수확량을 극대화하기 위한 관개 계획을 수립합니다.

35. 병원에서 AI를 이용한 운영 효율화는 무엇을 도와주나요?

① 병원 건물을 청소합니다.

② 병원 주변 교통을 관리합니다.

③ 병원 식당의 음식을 요리합니다.

④ 환자 예약 관리와 병실 배정

▶ 정답 ④

▶ 해설
병원에서 AI의 적용은 행정적 업무를 자동화하여 환자의 예약부터 병실 배정까지의 프로세스를 더욱 빠르고 정확하게 처리할 수 있게 도와줍니다.

36. AI 기반의 맞춤형 학습 플랫폼은 학교에서 무엇을 제공하나요?

① 운동 프로그램

② 학생들에게 최적화된 학습 계획

③ 식단 계획

④ 여행 일정

▶ 정답 ②

▶ 해설
맞춤형 학습 플랫폼은 학생 개개인의 성향과 성적 데이터를 분석하여 그에 맞는 개별화된 학습 컨텐츠를 제공함으로써 학습 효과를 최대로 끌어올릴 수 있도록 지원합니다.

37. 자율주행차는 도로에서 어떤 문제를 해결하나요?

① 더 많은 영화 추천

② 운동 능력 향상

③ 요리 시간 단축

④ 안전한 운전

▶ 정답 ④

▶ 해설
자율주행차는 운전자의 개입 없이도 안전하게 운전을 할 수 있는 기술을 갖추고 있어, 교통 사고 감소 및 운전자의 편의성 증대에 기여합니다.

38. 스마트 교차로는 도시에서 무엇을 도와주나요?

① 도시의 나무를 심습니다.

② 도시의 건물을 청소합니다.

③ 교차로에서의 사고를 줄이고 보행자들이 안전하게 도로를 건널 수 있게 도와줍니다.

④ 도시의 가로등을 관리합니다.

▶ 정답 ③

▶ 해설
스마트 교차로는 교통 신호와 차량, 보행자의 동향을 지능적으로 조절하여 보다 안전하고 원활한 교통 흐름을 유지하는 데 중요한 역할을 합니다.

39. 공장에서 AI를 이용한 품질 관리 시스템은 무엇을 도와주나요?

① 공장 바닥을 청소합니다.

② 공장 주변의 교통을 관리합니다.

③ 공장 식당의 음식을 요리합니다.

④ 생산 라인에서 제품의 결함을 빠르게 찾아내고 자동으로 제거합니다.

▶ 정답 ④

▶ 해설
공장의 AI 품질 관리 시스템은 고속 카메라와 센서를 통해 제조 과정에서 발생할 수 있는 오류를 실시간으로 감지하고 수정하여 최종 제품의 품질을 보장합니다.

40. 농업에서 AI는 작물 상태를 모니터링하고 병해충을 발견하며 무엇을 예측하나요?

① 영화 개봉일

② 최신 패션

③ 좋아하는 음식

④ 언제 씨를 뿌려야 할지

▶ 정답 ④

▶ 해설
농업에서의 AI 적용은 시기적으로 적절한 파종과 수확을 예측하고 계획하는 데 큰 도움을 주어, 기후 변화와 같은 외부 요인에도 능동적으로 대응할 수 있는 농업 전략을 세울 수 있게 합니다.

41. 농장에서 AI 기반 수확 로봇은 무엇을 확인하나요?

① 기차 시간표

② 스포츠 경기 결과

③ 뉴스 기사

④ 작물이 다 자랐는지

▶ 정답 ④

▶ 해설
농장에서 AI 기반 수확 로봇은 작물이 다 자랐는지 확인합니다.

42. 스마트 관개 시스템은 농장에서 어떤 문제를 해결하나요?

① 인터넷 연결 문제

② 스마트폰 배터리 문제

③ 음식의 맛 문제

④ 물이 너무 많이 주어지거나 부족할 때

▶ 정답 ④

▶ 해설
스마트 관개 시스템은 물이 너무 많이 주어지거나 부족할 때 문제를 해결합니다.

43. 병원에서 AI를 이용한 운영 효율화는 어떤 문제를 해결하나요?

① 병원 벽의 색상을 고릅니다.

② 병원 옆 공원을 관리합니다.

③ 환자 예약 관리와 병실 배정 문제

④ 병원 입구를 장식합니다.

▶ 정답 ③

▶ 해설
병원에서 AI를 이용한 운영 효율화는 환자 예약 관리와 병실 배정 문제를 해결합니다.

44. 농장에서 드론과 AI를 사용한 작물 모니터링 시스템의 장점은 무엇인가요?

① 농장의 나무를 심습니다.

② 농장의 울타리를 고칩니다.

③ 병충해를 빨리 찾아내어 조치를 취할 수 있습니다.

④ 농장의 길을 청소합니다.

▶ 정답 ③

▶ 해설
드론과 AI를 사용한 작물 모니터링 시스템은 병충해를 빨리 찾아내어 조치를 취할 수 있습니다.

45. 농장에서 자동화된 수확 로봇이 농부들에게 어떤 도움을 주나요?

① 더 많은 친구를 사귈 수 있습니다.

② 더 빠르게 달릴 수 있습니다.

③ 더 높은 점수를 받을 수 있습니다.

④ 수확 시기를 놓치지 않고 많은 양의 작물을 수확할 수 있습니다.

▶ 정답 ④

▶ 해설
자동화된 수확 로봇은 농부들이 수확 시기를 놓치지 않고 많은 양의 작물을 수확할 수 있게 돕습니다.

46. 학교에서 AI 기반의 맞춤형 학습 플랫폼은 어떤 기술을 사용하나요?

① 음성 인식과 자연어 처리

② 얼굴 인식과 컴퓨터 비전

③ 데이터 분석과 머신 러닝

④ 음악 합성과 음성 합성

▶ 정답 ③

▶ 해설
학교에서 AI 기반의 맞춤형 학습 플랫폼은 데이터 분석과 머신 러닝 기술을 사용합니다.

47. 도로에서 자율주행차의 장점은 무엇인가요?

① 더 많은 영화를 볼 수 있습니다.

② 더 많은 책을 읽을 수 있습니다.

③ 안전한 운전과 교통 흐름 개선

④ 더 많은 운동을 할 수 있습니다.

▶ 정답 ③

▶ 해설
자율주행차의 장점은 안전한 운전과 교통 흐름 개선입니다.

48. 농장에서 드론을 이용한 작물 모니터링 시스템의 단점은 무엇인가요?

① 소리가 큽니다.

② 색깔이 마음에 들지 않습니다.

③ 느리게 작동합니다.

④ 처음에 비용이 많이 들고 기술 지식이 필요합니다.

▶ 정답 ④

▶ 해설
드론을 이용한 작물 모니터링 시스템의 단점은 초기 비용이 많이 들고 기술 지식이 필요하다는 점입니다.

49. 농장에서 자동화된 수확 로봇은 어떤 기술을 사용하나요?

① 로보틱스와 머신 러닝

② 얼굴 인식과 컴퓨터 비전

③ 음성 인식과 자연어 처리

④ 음악 합성과 음성 합성

▶ 정답 ①

▶ 해설
자동화된 수확 로봇은 로보틱스와 머신 러닝 기술을 사용합니다.

50. 공장에서 AI 기반의 품질 관리 시스템은 어떤 기술을 사용하나요?

① 음성 인식과 자연어 처리

② 얼굴 인식과 음악 합성

③ 로봇 공학과 데이터 분석

④ 컴퓨터 비전과 머신 러닝

▸ 정답 ④

▸ 해설
AI 기반의 품질 관리 시스템은 컴퓨터 비전과 머신 러닝 기술을 사용합니다.

51. 공장에서 스마트 공장은 어떤 기술을 활용하나요?

① 얼굴 인식과 자연어 처리

② 음성 인식과 음악 합성

③ 스포츠 경기 예매와 데이터 분석

④ IoT(사물인터넷)와 클라우드 컴퓨팅

▸ 정답 ④

▸ 해설
스마트 공장은 IoT(사물인터넷)와 클라우드 컴퓨팅 기술을 활용합니다.

52. 학교에서 AI 기반의 맞춤형 학습 플랫폼은 학생들에게 어떤 이점을 제공하나요?

① 운동 계획을 세울 수 있습니다.

② 요리법을 배울 수 있습니다.

③ 개인 맞춤형 학습 계획과 피드백을 제공합니다.

④ 더 많은 영화를 볼 수 있습니다.

▸ 정답 ③

▸ 해설
AI 기반의 맞춤형 학습 플랫폼은 학생들에게 개인 맞춤형 학습 계획과 피드백을 제공합니다.

53. 병원에서 AI를 이용한 운영 효율화의 단점은 무엇인가요?

① 소리가 큽니다.

② 색깔이 마음에 들지 않습니다.

③ 느리게 작동합니다.

④ 초기 도입 비용이 높고 기술 지식이 필요합니다.

▸ 정답 ④

▸ 해설
병원에서 AI를 이용한 운영 효율화의 단점은 초기 도입 비용이 높고 기술 지식이 필요하다는 점입니다.

54. 도로에서 자율주행차는 어떤 기술을 사용하나요?

① 음성 인식과 자연어 처리

② 얼굴 인식과 음악 합성

③ 로봇 공학과 데이터 분석

④ 컴퓨터 비전과 머신 러닝

▸ 정답 ④

▸ 해설
자율주행차는 컴퓨터 비전과 머신 러닝 기술을 사용합니다.

55. 도시에서 AI 기반의 스마트 교차로는 어떤 역할을 하나요?

① 더 많은 영화를 추천해줍니다.

② 교차로에서의 사고를 줄이고 보행자들이 안전하게 도로를 건널 수 있게 도와줍니다.

③ 더 많은 친구를 사귈 수 있게 합니다.

④ 더 예쁜 사진을 찍을 수 있게 합니다.

▶ 정답 ②

▶ 해설
스마트 교차로는 교차로에서의 사고를 줄이고 보행자들이 안전하게 도로를 건널 수 있게 도와줍니다.

56. 농업에서 AI를 이용한 예측 분석은 농부들에게 어떤 이점을 제공하나요?

① 더 많은 책을 읽을 수 있게 합니다.

② 더 많은 운동을 할 수 있게 합니다.

③ 더 많은 친구를 사귈 수 있게 합니다.

④ 미래의 수확량과 시장 가격을 예측하여 더 나은 계획을 세울 수 있습니다.

▶ 정답 ④

▶ 해설
AI를 이용한 예측 분석은 농부들이 미래의 수확량과 시장 가격을 예측하여 더 나은 계획을 세울 수 있게 합니다.

57. 농장에서 스마트 관개 시스템의 장점은 무엇인가요?

① 더 많은 영화를 추천해줍니다.

② 더 빠르게 달릴 수 있게 합니다.

③ 물이 너무 많이 주어지거나 부족할 때 자동으로 조절해줍니다.

④ 더 많은 책을 읽을 수 있게 합니다.

▶ 정답 ③

▶ 해설
스마트 관개 시스템은 물이 너무 많이 주어지거나 부족할 때 자동으로 조절해줍니다.

58. 학교에서 AI 기반의 맞춤형 학습 플랫폼은 어떤 기술을 사용하여 도움을 주나요?

① 음성 인식과 자연어 처리를 사용하여 더 많은 친구를 사귈 수 있게 합니다.

② 얼굴 인식과 음악 합성을 사용하여 더 많은 영화를 추천해줍니다.

③ 로봇 공학과 데이터 분석을 사용하여 더 빠르게 달릴 수 있게 합니다.

④ 데이터 분석과 머신 러닝을 사용하여 학생들에게 최적화된 학습 계획을 제공합니다.

▶ 정답 ④

▶ 해설
AI 기반의 맞춤형 학습 플랫폼은 데이터 분석과 머신 러닝을 사용하여 학생들에게 최적화된 학습 계획을 제공합니다.

59. 병원에서 AI를 이용한 운영 효율화의 주요 기능은 무엇인가요?

① 음악 추천, 영화 추천, 음식 주문

② 스포츠 경기 결과 예측

③ 책 읽기 추천

④ 환자 예약 관리, 병실 배정, 약물 재고 관리

▶ 정답 ④

▶ 해설
병원에서 AI를 이용한 운영 효율화의 주요 기능은 환자 예약 관리, 병실 배정, 약물 재고 관리입니다.

60. 공장에서 스마트 공장의 주요 특징은 무엇인가요?

① 더 많은 음악 추천

② 영화 감상 최적화

③ 운동 능력 향상

④ 생산 과정의 자동화와 최적화

▶ 정답 ④

▶ 해설
스마트 공장의 주요 특징은 생산 과정의 자동화와 최적화입니다.

MEMO

II.

생성형 AI의
기초 및 활용

1. 생성형 AI란 무엇인가?

생성형 AI는 스스로 새로운 것을 만들어낼 수 있는 인공지능을 말합니다. 마치 요술램프의 지니처럼, 우리가 원하는 것을 만들어낼 수 있습니다. 예를 들면, 새로운 그림을 그리거나, 이야기를 쓰는 일을 할 수 있습니다.[24]

가. 생성형 AI의 기본 개념과 작동 원리

생성형 AI는 많은 정보를 배워서 그 정보를 기반으로 새로운 것을 만들어냅니다. 컴퓨터 안에 있는 AI는 사진, 글, 음악 같은 많은 자료들을 보고 배우면서, 그것들을 조합해서 새로운 사진, 새로운 글, 새로운 음악을 만들어냅니다.[25]

나. 생성형 AI가 할 수 있는 일

생성형 AI는 그림을 그리고, 음악을 만들고, 글을 쓰는 등 다양한 창작 활동을 할 수 있습니다. 예를 들어, AI는 동화책 속 그림을 스스로 그릴 수도 있고, 새로운 동요를 작곡할 수도 있습니다. 또한, 흥미로운 이야기나 시를 만들어내기도 합니다.

---

24) 생성형 AI란 : 생성형 인공지능은 기존 데이터에서 학습한 패턴을 기반으로 새로운 데이터를 생성하는 기술임. 특히, ChatGPT 는 "Chat Generative Pre-trained Transformer"의 약자로, 대화형 생성 모델을 기반으로 한 인공지능입니다.
   - Chat : 이 모델은 대화형으로 설계되었으며, 사용자와의 실시간 대화를 통해 질문에 답하거나 대화를 이어 나갈 수 있습니다.
   - Generative : 생성적인 성질을 가지고 있어, 학습한 데이터를 바탕으로 새로운 텍스트를 생성할 수 있습니다. 이는 사용자의 질문이나 요청에 맞추어 적절한 응답을 만들어내는 기능을 포함합니다.
   - Pre-trained Transformer : 이 모델은 '트랜스포머'라는 특정한 인공신경망 구조를 사용하여 사전에 대규모 데이터셋에서 사전 학습(pre-trained)을 진행합니다.
25) GPT-4 Turbo(또는 ChatGPT-4o)는 기존 GPT-4 모델보다 속도가 상당히 빠르고, 초당 약 48개의 토큰을 처리할 수 있는 반면, GPT-4는 초당 약 10개의 토큰을 처리합니다.
   - 토큰 : 토큰은 챗GPT와 같은 언어 모델에서 사용되는 데이터 처리의 기본 단위를 말합니다. 우리가 평소 사용하는 언어에서 '단어'가 의사소통의 기본 단위라고 생각할 수 있듯이, 언어 모델에서는 '토큰'이 이 역할을 합니다.

카툰 예시 # 로봇 친구가 학생의 숙제를 돕는 이야기

카툰 패널 설명

패널 1 : 지민이는 숙제하기가 어렵다고 느낍니다. 그림 숙제를 해야 하는데, 아이디어가 떠오르지 않습니다.

패널 2 : 지민이의 로봇 친구인 '로비'가 도와주겠다고 제안합니다. 로비는 생성형 AI 기능을 가지고 있습니다.

패널 3 : 로비는 지민이가 좋아하는 것들을 물어봅니다. 지민이는 우주와 외계인을 좋아한다고 대답합니다.

패널 4 : 로비는 지민이의 말을 듣고, 멋진 우주 배경에 외계인이 놀고 있는 그림을 그려줍니다.

패널 5 : 지민이는 로비가 만든 그림을 보고 아이디어를 얻어 자신만의 그림을 그리기 시작합니다. 로비는 옆에서 응원해 줍니다.

패널 6 : 숙제가 끝나고, 지민이는 로비와 함께 완성된 그림을 보며 기뻐합니다. 로비가 도와준 덕분에 숙제도 재미있게 할 수 있었습니다.[26]

[그림 II-1] '로봇 친구와 숙제하기'를 소재로 ChatGPT-4가 생성한 카툰

---

26) 생성형 AI 종류 :
- ChatGPT (Generative Pre-trained Transformer) : OpenAI에서 개발한 대화형 인공지능 서비스입니다. GPT-3.5와 GPT-4를 기반으로 하며, 텍스트 생성에 특화되어 있습니다. 프롬프트에 질문을 입력하면 AI가 자연스러운 답변을 생성합니다.
- Gemini (Generalized Multimodal Intelligence Network) : 구글과 딥마인드에서 개발한 멀티 모달 생성형 인공지능 모델입니다.
- Copilot : GitHub과 OpenAI가 공동으로 개발한 AI 동반 프로그래밍 도구입니다. 개발자들이 코드 작성을 보조하고, 자동 완성 기능을 제공합니다.
- Clova X : 네이버에서 개발한 AI 플랫폼입니다. 음성, 이미지, 텍스트 등 다양한 모달을 지원하며, 다양한 서비스에 적용됩니다.

2. 생성형 AI의 개념 및 이해

가. 생성형 AI의 개념 및 종류

생성형 AI[27]는 정보를 입력받아 새로운 내용을 창조해내는 인공지능을 말합니다. 이런 AI는 다양한 종류가 있는데, 주로 텍스트 생성 AI, 이미지 생성 AI, 영상 생성 AI 등이 있습니다. 이들은 각각 글을 쓰거나, 그림을 그리거나, 영상을 만드는 데 사용됩니다.

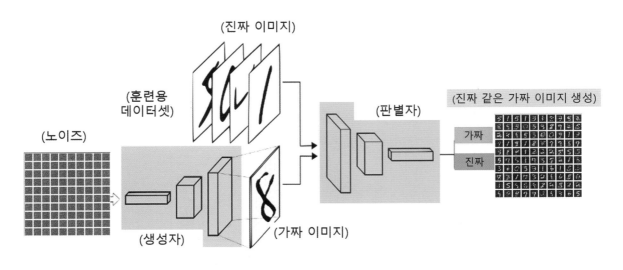

[그림 II-2] 생성형 AI 원리

위 이미지는 무작위 노이즈로부터 시작하여 생성자가 합성 이미지를 만들고 진짜 이미지와 함께 판별자에게 입력되고, 이를 판별자가 진짜인지 가짜인지를 평가하여 "진짜 같은 가짜 이미지"를 생성하는 적대적 생성 신경망(GAN)의 창조 과정을 나타냅니다.

---

27) 생성형 AI 중 하나인 GAN(Generative Adversarial Network, 적대적 생성 네트워크)은 두 가지 주요 구성 요소인 생성자(Generator)와 판별자(Discriminator)로 이루어진 모델입니다.
- 생성자(Generator) : 생성자는 노이즈(랜덤한 데이터)로부터 시작하여 학습 과정을 통해 실제 데이터와 비슷한 가짜 데이터를 생성합니다. 예를 들어, 실제 사진을 모방하는 이미지를 만들어냅니다.
- 판별자(Discriminator) : 판별자의 역할은 입력된 데이터가 실제 데이터인지 생성자가 만든 가짜 데이터인지를 구분하는 것입니다. 판별자는 실제 데이터와 가짜 데이터를 보고 학습하면서 점점 더 정확하게 진짜와 가짜를 구별하게 됩니다.
- 학습 과정 : 생성자와 판별자는 서로 경쟁하면서 학습합니다. 생성자는 판별자를 속여 진짜처럼 보이는 데이터를 만들기 위해 계속해서 발전하고, 판별자는 더욱 정확하게 진짜 데이터를 가짜 데이터와 구분하기 위해 발전합니다.
- 결과적으로, 이 경쟁 과정을 통해 생성자는 실제와 거의 구분할 수 없는 수준의 가짜 데이터를 생성할 수 있게 되고, 판별자는 더욱 효과적으로 진짜 데이터를 인식할 수 있게 됩니다.

나. 텍스트 생성 AI

텍스트 생성 AI는 우리가 주는 주제나 몇 마디 말에 기반하여 새로운 글을 씁니다. 예를 들어, 시나 동화, 심지어 뉴스 기사까지도 쓸 수 있습니다. 학교에서 보고서나 작문을 할 때, 작성자가 아이디어를 얻는 데 도움을 줄 수 있습니다.

사례 | **ChatGPT-3.5 버전 사용 프롬프트 예시**

> 너는 학생기자야. 지구온난화에 따른 피해와 예방책을 기사형식으로 작성해줘

결과

제목: 지구온난화로 인한 피해와 예방책

지구온난화는 우리의 행동과 활동으로 인해 발생하는 문제 중 하나로, 그 영향은 우리 주변의 모든 것에 영향을 미칩니다. 여기서는 지구온난화로 인한 피해와 이를 예방하기 위한 조치에 대해 살펴보겠습니다.

1. **피해:**

- 극단적인 기후 변화: 지구온난화는 극단적인 기후 현상을 유발하여 폭염, 강우량 증가, 건조 등을 초래합니다. 이는 작물 수확량의 감소, 자연재해의 발생 증가 등을 야기할 수 있습니다.

- 해수면 상승: 지구 온난화는 빙하 및 빙하의 녹음으로 해수면 상승을 초래할 수 있으며, 이로 인해 해안 지역에 거주하는 사람들에게 직접적인 위험을 초래할 수 있습니다.

2. **예방책:**

- 탄소 배출 감소: 화석 연료를 대체하는 친환경 에너지 소스로의 전환이 필요합니다. 태양광, 풍력, 수력 등의 재생 에너지를 적극 활용하여 탄소 배출을 줄여야 합니다.

- 지속 가능한 농업 및 산업 활동: 농업 및 산업 부문에서 친환경적인 방법을 채택하여 지속 가능한 발전을 추구해야 합니다. 농작물의 효율적인 관리, 산업 프로세스의 탄소 배출 감소 등이 이에 해당합니다.

- 환경 보호 및 복원: 자연 생태계를 보호하고 복원함으로써 지구온난화의 영향을 완화할 수 있습니다. 산림 보호, 해양 생태계 보호 등이 이에 해당합니다.

지구온난화로 인한 피해를 최소화하고 지속 가능한 미래를 위해서는 우리 모두가 적극적으로 조치를 취해야 합니다. 함께 노력하여 지구를 보호하고 미래 세대에게 더 나은 환경을 물려주는 것이 중요합니다.

다. 이미지 생성 AI

이미지 생성 AI는 설명이나 데이터를 바탕으로 새로운 이미지를 만듭니다. 예를 들어, 어떤 동물의 설명을 듣고 그 동물의 그림을 그릴 수 있습니다. 이 기술은 예술가들이 새로운 작품을 만드는 데도 사용됩니다.

사례 **ChatGPT-4 버전 사용 프롬프트 예시**[28]

> 너는 고흐풍의 이미지를 생성하는 작가야 . 서울의 경복궁을 고흐풍의 그림으로 그려줘.

결과

[그림 II-3] ChatGPT-4가 '빈센트 반 고흐' 화풍으로 그려낸 경복궁 이미지

---

28) 챗지피티(ChatGPT)와 같은 AI에게 특정한 역할이나 페르소나(예 기자)를 부여하는 것은 사용자와의 상호 작용에서 특정한 맥락이나 목적을 제공할 수 있습니다.
  - 목적성 증가(장점) : AI에게 기자라는 역할을 부여함으로써, 대화가 뉴스 취재나 정보 전달과 같은 특정 목적에 맞춰져 효과적으로 진행될 수 있습니다.
  - 유연성 제한(단점) : 특정 페르소나에 맞추어져 있기 때문에, 다른 종류의 대화나 요구에는 다소 유연하지 못할 수 있습니다. 예를 들어, 기자로 설정된 AI는 엔터테인먼트나 개인적인 대화에는 적합하지 않을 수 있습니다.

라. 영상 생성 AI

영상 생성 AI는 여러 이미지나 텍스트를 결합하여 새로운 비디오를 만들 수 있습니다. 이 AI는 영화 제작이나 비디오 게임에서 배경을 만드는 데 사용되기도 하며, 실제와 같은 가상 현실 경험을 제공할 수도 있습니다.

사례 | **CANVA를 사용한 영상 생성**

프롬프트 : 서울을 여행하는 학생들의 영상을 만들어줘

결과

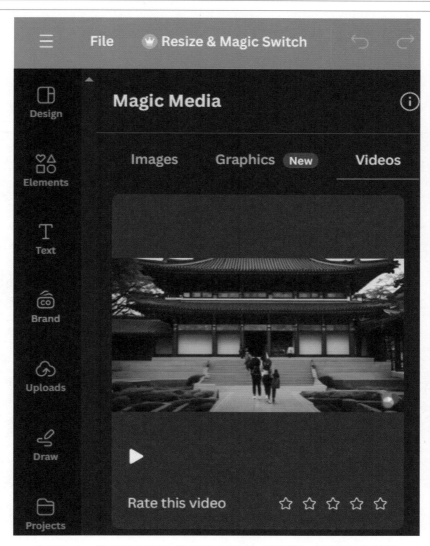

[그림 Ⅱ-4] CANVA가 생성한 서울을 여행하는 학생들의 영상

텍스트 생성 AI가 동화를 만드는 장면

카툰 패널 설명

패널 1 : 수진이가 동화 쓰기 숙제를 받았지만, 무슨 이야기를 써야 할지 막막해합니다.

패널 2 : 수진이는 텍스트 생성 AI 프로그램을 컴퓨터에 실행시킵니다. "마법의 숲에서의 모험"
이라고 주제를 입력합니다.

패널 3 : AI는 수진이가 준 주제를 바탕으로 재미있는 동화를 만들기 시작합니다. 화면에는 숲
속에서 모험을 하는 어린 소녀의 이야기가 펼쳐집니다.

패널 4 : 동화에는 마법사, 요정, 그리고 말하는 동물들이 등장하여 소녀를 도와주는 내용이 담겨
있습니다.

패널 5 : 수진이는 AI가 만든 이야기를 읽고 매우 감동받아 자신만의 아이디어를 추가하기로 결정
합니다. 그녀는 이야기에 친구들을 등장시키기로 합니다.

패널 6 : 숙제가 끝난 후, 수진이는 자신이 완성한 동화책을 들고 행복한 표정으로 학교에 갑니다.
AI의 도움으로 멋진 이야기를 만들 수 있었어요!

[그림 II-5] 'AI를 이용해 동화 만들기'를 소재로 ChatGPT-4가 생성한 카툰

3. 생성형 AI의 활용 사례

가. 실생활에서의 생성형 AI 활용 사례

생성형 AI는 우리 일상 곳곳에서 다양하게 활용되고 있습니다. 이 기술은 음악, 미술, 글쓰기 등 창조적인 분야에서 특히 유용하게 사용됩니다.

1) 음악 작곡

생성형 AI는 다양한 음악 장르와 스타일을 학습하여 새로운 음악을 만들 수 있습니다. 이 AI는 기존의 유명한 음악가들의 작품을 분석하고, 그 특징을 바탕으로 독창적인 멜로디나 리듬을 생성합니다.

예시 | SUNO AI MUSIC을 통한 음악 작곡

[그림 II-6] AI를 이용한 작곡이 가능한 SUNO MUSIC 홈페이지

2) 그림 그리기

미술 분야에서 생성형 AI는 화가들의 그림 스타일을 학습하여 새로운 작품을 창작할 수 있습니다. 이를 통해 사람들은 유명 화가의 작품과 비슷한 그림을 손쉽게 만들어 볼 수 있습니다.

3) 글쓰기

AI는 소설, 시, 기사 등 다양한 형태의 글을 쓸 수 있습니다. 이러한 텍스트 생성 AI는 주어진 주제나 몇 가지 키워드만으로도 관련 내용의 텍스트를 생성해 내며, 이는 작가들에게 새로운 아이디어를 제공하거나 글쓰기를 돕는 데 활용됩니다.

카툰 예시 **생성형 AI가 유명 화가의 그림을 모방하는 장면**

카툰 패널 설명

패널 1 : 민지는 학교 미술 수업에서 유명한 화가의 그림을 그리는 과제를 받습니다.

패널 2 : 민지는 그림 그리기에 자신이 없어서 고민하다가, 생성형 AI 프로그램을 사용하기로 결정합니다.

패널 3 : 민지는 컴퓨터에 유명 화가의 이름과 그의 대표적인 그림 스타일을 입력합니다.

패널 4 : AI는 입력받은 정보를 바탕으로 그 화가의 스타일을 모방한 새로운 그림을 그리기 시작합니다. 화면에서는 AI가 그리는 그림의 과정이 보여집니다.

패널 5 : 완성된 그림을 본 민지는 놀랍고도 기쁩니다. AI가 만들어낸 그림은 유명 화가의 스타일을 잘 살렸으면서도 새로운 요소가 가미된 작품이었습니다.

패널 6 : 민지는 AI가 만든 그림을 바탕으로 자신의 감성을 더해 다시 그림을 완성합니다. 민지의 그림은 칭찬을 많이 받았고, 민지는 생성형 AI 덕분에 미술에 대한 자신감을 얻게 됩니다.

[그림 Ⅱ-7] 'AI를 이용해 유명 화가처럼 그림 그리기'를 소재로 ChatGPT-4가 생성한 카툰

나. 생성형 AI를 활용한 문서 작성

1) 생성형 AI로 문서 작성하기

생성형 AI는 다양한 정보와 규칙을 학습하여, 글을 쓰는 데 도움을 줄 수 있는 훌륭한 도구입니다. 이 기술을 활용하면 보고서, 편지, 숙제 등 다양한 문서 작성 작업을 쉽고 빠르게 수행할 수 있습니다.

2) 생성형 AI가 글을 작성하는 방법

생성형 AI는 먼저 대량의 텍스트 데이터를 학습합니다. 이 데이터는 소설, 뉴스 기사, 학술 논문 등 다양한 종류가 될 수 있습니다. 학습 과정에서 AI는 문법, 어휘, 문장 구성 등 언어의 여러 측면을 이해하게 됩니다. 사용자가 주제나 몇 가지 키워드를 입력하면, AI는 이를 바탕으로 관련 내용의 텍스트를 생성해 내며, 문맥에 맞는 적절하고 자연스러운 문장을 만들어냅니다.

3) 학교 숙제, 편지 작성 등 실생활 예시[29]

- **학교 숙제** : 학생들은 연구 보고서나 에세이를 쓸 때 AI를 사용하여 정보를 수집하고, 구조를 설계하며, 초안을 작성할 수 있습니다.
- **편지 작성** : AI를 사용하여 감정을 담은 편지나 공식적인 비즈니스 문서를 작성할 때도 도움을 받을 수 있습니다. 사용자는 편지의 목적과 받는 사람에 대한 정보를 입력하면, AI가 이를 바탕으로 적절한 내용의 편지를 작성합니다.

---

29) 생성형 AI의 실제 사용 중 "할루시네이션(Hallucination)"이란 현상이 발생하는데, 이것은 AI가 실제로는 존재하지 않거나 검증되지 않은 정보를 마치 사실인 것처럼 생성해내는 현상을 말합니다. 예를 들어, AI가 역사적 사실에 관한 질문에 대해 전혀 잘못된 사건이나 인물을 언급하는 경우가 이에 해당할 수 있습니다. 이러한 현상은 AI가 훈련 데이터에서 얻은 정보를 바탕으로 새로운 내용을 추론하려 할 때 발생할 수 있으며, 때로는 AI가 현실과 다른, 상상된 정보를 생성해내기도 합니다. 이는 AI의 훈련 과정에서 데이터가 부족하거나, AI가 데이터의 패턴을 과도하게 일반화하는 등의 문제로 인해 발생할 수 있습니다. AI의 할루시네이션을 줄이기 위해서는 더 정확하고 광범위한 데이터로 훈련시키거나, AI의 추론 과정을 보다 엄격하게 관리하는 방법이 필요합니다.

생성형 AI가 학생의 숙제를 도와주는 장면

카툰 패널 설명

패널 1 : 철수는 역사 과목 숙제로 '한국 전통 문화'에 대한 보고서를 작성해야 합니다.

패널 2 : 철수는 정보를 찾기 위해 인터넷을 사용하지만, 어디서부터 시작해야 할지 막막합니다.

패널 3 : 철수의 누나가 생성형 AI 프로그램을 추천해 줍니다. 철수는 프로그램을 실행하고 '한국 전통 문화'를 주제로 입력합니다.

패널 4 : AI는 주제에 맞는 정보를 바탕으로 다양한 자료를 제공하고, 철수가 선택한 정보를 사용하여 보고서 초안을 작성합니다.

패널 5 : 철수는 AI가 제공한 초안을 읽고, 자신의 생각과 추가적인 정보를 덧붙여 최종 보고서를 완성합니다.

패널 6 : 완성된 보고서를 들고 학교에 가는 철수는 자신감 넘치는 표정입니다. AI 덕분에 훌륭한 보고서를 완성할 수 있었고, 역사 과목에 대한 이해도가 높아졌습니다.

[그림 Ⅱ-8] 'AI를 이용해 글쓰기'를 소재로 ChatGPT-4가 생성한 카툰

다. 생성형 AI를 활용한 이미지 생성[30)

1) 생성형 AI로 이미지 및 영상 생성하기

생성형 AI는 단순한 이미지부터 복잡한 영상까지 다양한 시각적 콘텐츠를 만들어낼 수 있는 능력을 가지고 있습니다. 이 기술은 예술 작품 생성, 광고 제작, 영상 콘텐츠 개발 등 다양한 분야에서 활용됩니다.

[그림 II-9] '타자기 치는 고양이'를 소재로 ChatGPT-4가 생성한 이미지

위 이미지는 파란색 고양이가 타자기를 사용하는 모습을 만화처럼 재미있게 표현한 것입니다. 고양이가 작은 책상에 앉아 타자를 치고 있는 모습이 보입니다. 배경은 책장이 있는 아늑한 방과 맑은 날의 햇살이 엿보이는 창문으로 구성되어 있습니다. 집중하는 고양이의 표정은 그림에 장난기를 더해줍니다.

---

30) 이미지 생성 모델 개요 [GAN (Generative Adversarial Network, 적대적 생성 네트워크)] : 이 모델은 생성자와 판별자 두 부분으로 구성되어 있습니다. 생성자는 실제 같은 이미지를 생성하고, 판별자는 이미지가 진짜인지 생성된 것인지를 판별합니다.
　　- DALL·E는 텍스트 기반 이미지 생성으로 사용자가 입력한 텍스트 설명에 기반하여 이미지를 생성합니다. 예를 들어 "파란색 고양이가 타자기를 사용하는 모습"과 같은 설명을 하면 그에 맞는 이미지를 생성할 수 있습니다.

2) 생성형 AI가 이미지를 만드는 방법

생성형 AI는 먼저 다양한 이미지 데이터를 학습합니다. 이 데이터에는 자연 풍경, 인물 사진, 예술 작품 등이 포함될 수 있습니다. 학습 과정에서 AI는 색상, 형태, 질감 등 이미지의 다양한 특성을 이해하게 됩니다. 사용자가 특정 스타일이나 주제를 요청하면, AI는 이를 기반으로 새로운 이미지를 생성합니다. 이 과정은 새로운 아이디어와 기존 데이터의 조합으로 이루어지며, 결과물은 매우 독창적일 수 있습니다.

3) 다양한 예술 작품, 광고, 영상 제작 등 실생활 예시

- **예술 작품** : 생성형 AI는 유명 화가의 스타일을 모방하여 새로운 작품을 만들 수 있으며, 전시회에서 이러한 AI 작품을 볼 수 있습니다.
- **광고** : 광고 산업에서 AI는 특정 브랜드나 제품의 이미지를 창조적으로 표현하는 데 사용됩니다. AI는 제품의 특성을 반영한 매력적인 이미지를 만들어 브랜드 이미지를 강화할 수 있습니다.
- **영상 제작** : 영화나 비디오 게임 제작에도 AI가 사용됩니다. 특히, 비용이 많이 드는 특수 효과나 배경을 AI가 생성하여 제작 과정을 간소화하고 비용을 절감할 수 있습니다.

카툰 예시 **생성형 AI가 학생이 상상하는 동물 그림을 그려주는 장면**

카툰 패널 설명

패널 1 : 준호는 과학 수업 시간에 새로운 종의 동물을 상상하라는 과제를 받습니다.

패널 2 : 준호는 상상 속에서만 존재하는 '하늘을 나는 물고기'를 생각해냅니다. 그러나 그림 실력이 부족해 어떻게 표현해야 할지 고민합니다.

패널 3 : 선생님이 생성형 AI 프로그램을 추천해 줍니다. 준호는 자신의 상상을 설명하며 AI에 입력합니다.

패널 4 : AI는 준호의 설명을 바탕으로 하늘을 나는 물고기의 이미지를 만들기 시작합니다. 화면에서는 AI가 조합하고 수정하는 과정이 보여집니다.

패널 5 : 완성된 이미지를 본 준호는 놀랍고도 흥미로운 표정을 지어보입니다. AI가 만든 이미지는 준호가 상상했던 것과 매우 흡사합니다.

패널 6 : 준호는 AI가 만든 이미지를 바탕으로 발표를 준비합니다. 발표가 끝난 후, 친구들과 선생님은 그의 창의적인 아이디어와 AI의 도움을 칭찬합니다.

[그림 Ⅱ-10] 'AI를 이용해 상상 속 동물 그리기'를 소재로 ChatGPT-4가 생성한 카툰

생성형 AI 자격 시험 문제

[4지선다형]

01. 생성형 AI란 무엇인가?

① 사람처럼 생각하는 로봇

② 새로운 것을 만들어낼 수 있는 인공지능

③ 인터넷 검색을 도와주는 프로그램

④ 게임을 잘하는 인공지능

▶ 정답 ②

▶ 해설
생성형 AI는 새로운 그림을 그리거나 이야기를 만드는 등 창작활동을 할 수 있는 인공지능입니다.

02. 생성형 AI의 작동 원리는 무엇인가요?

① 사람의 명령을 따라 작업을 수행한다.

② 많은 정보를 학습하여 새로운 것을 만든다.

③ 컴퓨터 내부의 마법 같은 기능을 이용한다.

④ 다른 로봇과 협력해서 일을 한다.

▶ 정답 ②

▶ 해설
생성형 AI는 많은 데이터를 학습하여 이를 기반으로 새로운 콘텐츠를 만들어냅니다.

03. 생성형 AI가 할 수 없는 일은 무엇인가요?

① 그림 그리기

② 음악 만들기

③ 게임하기

④ 글쓰기

▶ 정답 ③

▶ 해설
생성형 AI는 주로 창작 활동에 사용되며, 게임을 잘하는 것은 AI의 다른 분야입니다.

04. 생성형 AI가 글을 쓸 때 필요한 것은 무엇인가요?

① 키워드와 주제

② 그림 도구

③ 음악 악기

④ 비디오 카메라

▶ 정답 ①

▶ 해설
텍스트 생성 AI는 주제나 키워드를 기반으로 글을 작성합니다.

05. 생성형 AI는 어떤 방식으로 그림을 그리나요?

① 사람의 손을 대신해 그린다.

② 기존 그림을 분석하여 새로운 그림을 만든다.

③ 카메라로 사진을 찍어 그림을 만든다.

④ 인터넷에서 그림을 복사해 붙인다.

▶ 정답 ②

▶ 해설
생성형 AI는 많은 그림 데이터를 학습하고, 이를 바탕으로 새로운 그림을 만들어냅니다.

06. 텍스트 생성 AI는 무엇을 할 수 있나요?

① 새로운 동화를 쓸 수 있다.

② 자동차를 운전할 수 있다.

③ 요리를 할 수 있다.

④ 운동을 잘 할 수 있다.

▶ 정답 ①

▶ 해설
텍스트 생성 AI는 주어진 주제에 맞춰 이야기를 쓰는 데 사용됩니다.

07. 이미지 생성 AI는 어떤 기술을 사용하나요?

① 3D 프린팅

② 데이터 학습

③ 인터넷 검색

④ 음악 분석

▶ 정답 ②

▶ 해설
이미지 생성 AI는 다양한 이미지 데이터를 학습하여 새로운 이미지를 만듭니다.

08. 생성형 AI는 어떤 분야에서 활용될 수 있나요?

① 예술과 창작

② 스포츠 경기

③ 수학 문제 풀기

④ 운전 연습

▶ 정답 ①

▶ 해설
생성형 AI는 그림, 음악, 글쓰기 등 창작 분야에서 많이 활용됩니다.

09. 생성형 AI가 음악을 만들 때 어떤 데이터를 학습하나요?

① 미술 작품

② 다양한 음악

③ 영화 대본

④ 수학 공식

▶ 정답 ②

▶ 해설
음악 생성 AI는 여러 음악 장르와 스타일을 학습하여 새로운 곡을 만듭니다.

10. 생성형 AI가 동화를 만들 때 필요한 것은 무엇인가요?

① 영화 카메라

② 그림 도구

③ 이야기 주제

④ 운동기구

▸ 정답 ③

▸ 해설
텍스트 생성 AI는 주제를 바탕으로 새로운 이야기를 작성합니다.

11. 생성형 AI가 사용할 수 없는 데이터는 무엇인가요?

① 음악 파일

② 그림 파일

③ 텍스트 파일

④ 과학 실험 도구

▸ 정답 ④

▸ 해설
생성형 AI는 주로 텍스트, 이미지, 음악 등 디지털 데이터를 학습합니다.

12. 생성형 AI가 학교 숙제를 도울 때 주로 사용하는 것은 무엇인가요?

① 책상과 의자

② 컴퓨터와 프로그램

③ 운동장과 공

④ 물감과 붓

▸ 정답 ②

▸ 해설
생성형 AI는 컴퓨터 프로그램을 통해 학교 숙제를 도울 수 있습니다.

13. 생성형 AI가 광고 제작에 어떻게 활용될 수 있나요?

① 제품을 직접 판매한다.

② 창의적인 이미지와 문구를 만든다.

③ 광고 영상을 촬영한다.

④ 제품을 디자인한다.

▸ 정답 ②

▸ 해설
생성형 AI는 광고에 사용될 창의적인 콘텐츠를 만드는 데 유용합니다.

14. 생성형 AI가 영상을 만들 때 필요한 것은 무엇인가요?

① 사진과 텍스트

② 운동 기구

③ 음악 악기

④ 요리 재료

▸ 정답 ①

▸ 해설
영상 생성 AI는 이미지와 텍스트 데이터를 사용하여 새로운 영상을 만듭니다.

15. **생성형 AI가 어떤 새로운 동물을 그릴 수 있을까요?**
① 이미 존재하는 동물
② 상상 속의 동물
③ 특정 인물의 얼굴
④ 특정 건물의 그림

▶ 정답 ②

▶ 해설
생성형 AI는 사용자의 설명을 기반으로 상상 속의 새로운 동물을 그릴 수 있습니다.

16. **생성형 AI가 학습하는 데이터는 무엇인가요?**
① 다른 로봇의 행동
② 인간의 창작물
③ 자연의 소리
④ 전자 제품의 작동 원리

▶ 정답 ②

▶ 해설
생성형 AI는 주로 그림, 음악, 글 등 인간이 만든 창작물을 학습합니다.

17. **생성형 AI는 어떤 방식으로 영감을 줄 수 있나요?**
① 새로운 아이디어를 제공한다.
② 직접 작업을 대신해준다.
③ 운동을 잘하게 만든다.
④ 요리를 도와준다.

▶ 정답 ①

▶ 해설
생성형 AI는 새로운 아이디어나 창작물을 제안하여 창작 활동에 영감을 줄 수 있습니다.

18. **생성형 AI가 동요를 작곡할 때 사용할 수 있는 것은 무엇인가요?**
① 음악 악보
② 과학 실험 도구
③ 체육 장비
④ 미술 용품

▶ 정답 ①

▶ 해설
음악 생성 AI는 악보 데이터를 학습하여 새로운 동요를 작곡할 수 있습니다.

19. **생성형 AI가 글쓰기 숙제를 도울 때 중요한 것은 무엇인가요?**
① 빠른 타자 속도
② 좋은 키보드
③ 주제와 키워드
④ 편안한 의자

▶ 정답 ③

▶ 해설
텍스트 생성 AI는 주제와 키워드를 입력받아 글을 작성합니다.

20. 생성형 AI가 영화 제작에 어떻게 사용될 수 있나요?

① 영화 촬영을 대신한다.

② 새로운 캐릭터와 배경을 만든다.

③ 배우를 대신 연기한다.

④ 영화 관람을 도와준다.

정답 ②

해설
생성형 AI는 영화 제작에서 캐릭터 디자인과 배경 생성에 활용될 수 있습니다.

MEMO

III.

AI 윤리 및
정보보호

1. 개념 및 이해

가. AI 윤리의 중요성

AI 기술이 우리 생활 곳곳에 사용됨에 따라, 이 기술이 올바르게 사용되는지 감시하는 것이 중요해졌습니다. AI 윤리는 기술이 인간의 권리를 존중하고, 사회적 가치와 조화를 이루며 발전할 수 있도록 하는 규칙과 원칙을 말합니다.

나. 정보보호

AI 시스템은 대량의 데이터를 처리하고 저장합니다. 이 데이터 중에는 개인의 민감한 정보도 포함될 수 있으므로, 이를 안전하게 보호하는 것이 매우 중요합니다. 정보보호는 개인정보를 안전하게 관리하고, 무단 접근, 유출, 손실로부터 보호하기 위한 조치를 포함합니다.

다. AI의 편향성, 오류 및 안전성

1) 편향성

AI는 학습 데이터를 기반으로 결정을 내리기 때문에, 그 데이터에 편향이 있을 경우 AI도 편향된 결과를 내놓을 수 있습니다. 예를 들어, 채용 AI가 특정 성별이나 인종에 대해 불이익을 주는 경우가 이에 해당합니다.

2) 오류

AI 시스템은 복잡하며 오류가 발생할 수 있습니다. 이러한 오류는 잘못된 정보 제공, 예측 실패 등으로 이어질 수 있으며, 때로는 심각한 결과를 초래할 수도 있습니다.

3) 안전성

AI의 안전성은 시스템이 예측 가능하고 신뢰할 수 있는 방식으로 작동하도록 보장하는 것을 말합니다. AI 시스템이 자율적으로 작동하는 경우, 예기치 않은 행동을 방지하기 위한 안전 조치가 필수적입니다.

4) 사례 설명

(1) 편향성 사례

어떤 기업에서 사용하는 채용 AI가 남성 지원자의 이력서를 여성 지원자의 이력서보다 우선적으로 선택하는 경향을 보였습니다. 조사 결과, AI의 학습 데이터가 주로 남성 직원의 이력서로 구성되어 있어 이러한 편향이 발생한 것으로 밝혀졌습니다.

(2) 오류 사례

자율주행 차량의 AI가 갑작스런 날씨 변화를 제대로 인식하지 못해 잘못된 판단을 내리는 사례가 있습니다. 이런 오류는 사고로 이어질 수 있으며, AI의 센서와 알고리즘을 지속적으로 개선하는 작업이 필요합니다.

(3) 안전성 사례

AI가 관리하는 전력망 시스템에서 예상치 못한 오류로 인해 대규모 정전이 발생했습니다. 이후 전문가들은 AI 시스템에 다중 감시 장치를 설치하여 시스템의 안정성을 강화하였습니다.

AI가 학생들의 시험 점수를 보고 등수를 예측하는 프로그램 생성

카툰 패널 설명

패널 1 : 선생님이 AI 프로그램을 사용하여 학생들의 시험 성적을 기준으로 등수를 예측합니다.

패널 2 : AI는 학생별 평균점수, 전체평균, 표준편차로 등수를 계산하는 Python 프로그래밍을 제공합니다.

패널 3 : 한 학생이 예상 등수를 어떻게 구하는지 질문을 합니다.

패널 4 : 분석 결과, 표준정규분포를 이용하여 본인 점수에 따른 등수를 예측하는 프로그램을 생성형 AI가 작성한 것을 확인합니다.

패널 5 : 선생님과 학교는 AI 시스템의 추천 프로그램을 이용하여 전국 학생들의 평균과 각 학생별 전국 등수를 예측하는 프로그램을 개발합니다.

패널 6 : AI로 생성한 프로그램으로 학생 지도 관리에 많은 도움을 받아, 학생과 선생님 모AI의 도움을 받을 수 있어 만족해 합니다.

[그림 Ⅲ-1] 'AI를 이용해 등수 예측 프로그램 만들기'를 소재로 ChatGPT-4가 생성한 카툰

라. 인공지능의 악용

인공지능(AI)의 윤리적 문제는 매우 중요한 이슈이며, 특히 AI의 악용 가능성은 사회적, 경제적, 정치적 차원에서 심각한 영향을 미칠 수 있습니다. 여기서는 AI 악용의 주요 사례와 관련된 윤리적 문제를 다루겠습니다.

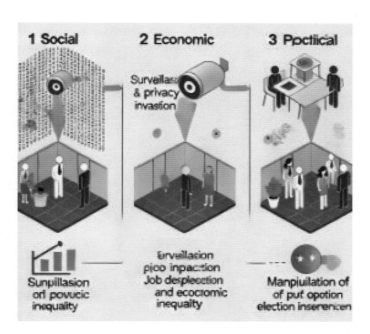

[그림 Ⅲ-2] 다양한 차원에서의 AI의 악용 가능성

위 이미지는 AI의 악용 가능성에 대해 사회적, 경제적, 정치적 측면에서 설명하는 다이어그램을 보여줍니다.

1) 프라이버시 침해

(1) 감시 시스템

감시 시스템은 카메라와 같은 장치를 사용하여 사람들의 행동을 실시간으로 모니터링하는 시스템입니다.

예시	• 도시 곳곳에 설치된 CCTV 카메라가 있습니다. 이 카메라는 사람들이 어디를 가는지, 무엇을 하는지를 기록합니다.

문제점	• 이러한 감시 시스템은 사람들이 자신이 감시받고 있다는 사실을 알지 못할 때, 프라이버시 침해가 발생할 수 있습니다.

(2) 데이터 수집

데이터 수집은 사람들이 사용하는 인터넷 서비스나 디지털 장치를 통해 많은 개인 정보를 수집하는 과정입니다.

예시	• 스마트폰 앱, 웹사이트, 소셜 미디어 플랫폼 등이 사용자로부터 위치 정보, 검색 기록, 메시지 내용 등을 수집할 수 있습니다.

문제점	• 사용자가 자신에 대한 정보가 어떻게 사용되는지 알지 못하거나 동의하지 않은 상태에서 데이터가 수집되면, 이는 프라이버시 침해가 됩니다.

[그림 III-3] 감시와 데이터 수집

위 이미지는 어린이들이 이해하기 쉽게 그려낸 AI 활용 감시·데이터 수집 과정을 보여줍니다.

2) 차별과 편향

차별과 편향은 알고리즘적 편향으로 말할 수 있으며, 이는 AI 시스템이 특정 그룹이나 개인에 대해 불공정하거나 차별적인 결정을 내리는 현상을 말합니다. 주로 훈련 데이터의 편향성이나 알고리즘 자체의 설계에서 발생할 수 있습니다. 알고리즘적 편향은 다양한 분야에서 중요한 문제로 인식되고 있습니다. 이를 해결하기 위해서는 다양한 데이터를 수집하고, 편향을 감지 및 수정하며, 투명성과 책임성을 높이는 노력이 필요합니다.

[그림 Ⅲ-4] 알고리즘 편향

위 이미지는 어린이들이 이해하기 쉽게 그려낸 알고리즘적 편향과 이를 해결하기 위한 과정을 보여줍니다.

(1) 알고리즘적 편향이 발생하는 원인

① 편향된 데이터

AI는 과거의 데이터를 기반으로 학습합니다. 만약 과거 데이터가 특정 그룹에 대해 편향된 정보를 포함하고 있다면, AI도 그 편향을 학습하게 됩니다.

> **예시** • 채용 시스템에서 과거에 남성 위주로 채용된 데이터를 학습하면, AI도 남성을 선호하는 결정을 내릴 수 있습니다.

② 대표성 부족

데이터가 특정 그룹을 충분히 대표하지 못할 때 발생합니다.

> **예시** • 얼굴 인식 시스템이 백인 얼굴 데이터로만 학습되었다면, 다른 인종의 얼굴을 잘 인식하지 못할 수 있습니다.

③ 알고리즘 설계

알고리즘이 특정 기준이나 가중치를 잘못 설정하면, 특정 그룹에 불리한 결과를 초래할 수 있습니다.

> **예시** • 신용 점수 계산 알고리즘이 특정 직업군에 불리한 가중치를 부여할 경우, 그 직업군에 속한 사람들의 신용 점수가 낮게 평가될 수 있습니다.

(2) 알고리즘적 편향의 영향

① 차별

특정 그룹이나 개인이 불공정한 대우를 받게 됩니다.

> **예시** • AI 면접 시스템이 여성 지원자를 차별하여 낮은 점수를 주는 경우

② 신뢰성 저하

AI 시스템에 대한 신뢰가 떨어집니다.

> **예시** • 사용자가 AI의 결정이 불공정하다고 느끼면, 그 시스템을 신뢰하지 않게 됩니다.

③ 법적 문제

차별적 결정은 법적 분쟁을 초래할 수 있습니다.

> 예시
> • AI 채용 시스템이 인종이나 성별에 따라 차별적인 결정을 내리면, 법적 소송이 제기될 수 있습니다.

[3] 해결 방법

① 다양한 데이터 수집

다양한 그룹을 대표하는 데이터를 수집하여 AI를 학습시킵니다.

> 예시
> • 다양한 인종, 성별, 연령대의 데이터를 포함한 얼굴 인식 시스템

② 편향 감지 및 수정

데이터를 분석하여 편향을 감지하고, 알고리즘을 수정합니다.

> 예시
> • 특정 그룹에 대해 불공정한 결과를 내는 AI 시스템을 재학습시켜 편향을 제거합니다.

③ 투명성과 책임성

AI 시스템의 결정 과정과 데이터를 공개하여 투명성을 높이고, 책임성을 확보합니다.

> 예시
> • AI가 어떻게 결정을 내리는지 설명할 수 있는 시스템 구축

3) 자율 무기

(1) 군사적 활용

AI 기술은 자율 무기의 개발에 사용될 수 있으며, 이는 전쟁의 윤리적 기준을 위협할 수 있습니다. 자율 무기는 인간의 개입 없이 목표를 식별하고 공격할 수 있어, 오판이나 오작동 시 대규모 인명 피해를 초래할 수 있습니다. 자율 무기의 개발과 사용에 대한 논쟁은 국제 사회에서 지속되고 있으며, 많은 윤리학자와 인권 단체들이 자율 무기 금지를 촉구하고 있습니다.

(2) 자율 무기의 작동 방식

- **목표 식별** : 자율 무기는 AI를 사용하여 목표를 식별합니다.
  예 적군의 차량이나 병사를 인식할 수 있습니다.
- **공격 실행** : 목표가 식별되면, 인간의 개입 없이 자율 무기가 공격을 실행합니다.

(3) 위험 요소

- **오판** : AI가 잘못된 목표를 식별하면, 무고한 사람들이 공격받을 수 있습니다.
- **오작동** : 기술적 결함으로 인해 자율 무기가 예상치 못한 행동을 할 수 있습니다. 이는 대규모 인명 피해를 초래할 수 있습니다.

(4) 국제적 논쟁

- **윤리적 논쟁** : 자율 무기의 사용이 윤리적으로 타당한지에 대한 논쟁이 지속되고 있습니다.
- **인권 단체의 반대** : 많은 윤리학자와 인권 단체들이 자율 무기의 개발과 사용을 금지해야 한다고 주장하고 있습니다.
- **국제 규제** : 국제 사회에서는 자율 무기의 규제와 금지를 위한 협상이 진행되고 있습니다.

4) 정보 조작과 가짜 뉴스

(1) 딥페이크 기술

딥페이크(Deepfake)는 AI를 이용해 이미지나 영상을 조작하여 가짜 정보를 만드는 기술입니다. 이는 정치적 목적이나 범죄에 악용될 수 있으며, 사회적 혼란을 초래할 수 있습니다. 딥페이크 기술은 유명 인사나 정치인의 영상을 조작하여 허위 정보를 퍼뜨리는 데 사용된 사례가 다수 보고되었습니다.

(2) 딥페이크의 작동 방식

- **데이터 수집** : 먼저, 대상 인물의 많은 사진이나 영상을 수집합니다. 이는 주로 유명 인사나 정치인의 자료일 수 있습니다.
- **학습** : AI 모델은 수집된 데이터를 학습하여, 해당 인물의 얼굴 표정, 움직임, 목소리 등을 파악합니다.
- **조작** : AI 모델은 학습한 정보를 바탕으로, 새로운 영상이나 이미지를 생성하여 원본처럼 보이게 만듭니다.
  예 원래는 하지 않은 말을 하게 하거나, 존재하지 않는 상황을 만들어낼 수 있습니다.

(3) 딥페이크의 위험성과 영향

① 정치적 목적

딥페이크 기술은 정치적 목적으로 악용될 수 있습니다. 예를 들어, 정치인의 발언을 조작하여 거짓 정보를 퍼뜨리고, 선거 결과에 영향을 미칠 수 있습니다.

> 사례 • 특정 정치인이 하지 않은 말을 하게 만들어, 그 정치인을 비난하거나 지지율을 떨어뜨리는 경우

② 범죄

딥페이크 기술은 범죄에도 사용될 수 있습니다. 예를 들어, 유명 인사의 얼굴을 합성하여 음란물이나 명예를 훼손하는 영상을 만들 수 있습니다.

> 사례 • 유명 배우나 가수의 얼굴을 합성하여, 그들이 출연하지 않은 음란물을 만들어 배포하는 경우

③ 사회적 혼란

딥페이크 기술은 사회적 혼란을 초래할 수 있습니다. 사람들은 어떤 정보가 진짜인지 가짜인지 구별하기 어려워지며, 신뢰성이 떨어집니다.

> 사례 • 가짜 뉴스가 퍼지면서, 사람들 사이에 불안과 혼란이 확산되는 경우

(4) 딥페이크 기술의 대응 방안

① 딥페이크 탐지 기술 개발

딥페이크 영상을 식별하고, 진위 여부를 판단할 수 있는 AI 탐지 기술을 개발해야 합니다. 이를 통해 가짜 정보를 빠르게 걸러낼 수 있습니다.

> **예시** • 특정한 패턴이나 왜곡을 감지하여, 딥페이크 영상을 탐지하는 기술

② 교육과 인식 제고

딥페이크 기술의 위험성을 알리고, 사람들에게 가짜 정보를 구별하는 방법을 교육해야 합니다. 이를 통해 사회적 혼란을 줄일 수 있습니다.

> **예시** • 미디어 리터러시 교육을 통해, 사람들이 정보의 진위 여부를 판단할 수 있는 능력을 기르는 것

③ 법적 규제

딥페이크 기술의 악용을 방지하기 위해, 관련 법적 규제를 강화해야 합니다. 이를 통해 불법적인 딥페이크 영상의 제작과 유통을 막을 수 있습니다.

> **예시** • 딥페이크 영상을 제작하거나 유포하는 행위에 대한 처벌을 강화하는 법안 제정

5) 일자리 대체와 경제적 불평등

(1) 자동화와 실업

AI와 로봇의 발전은 많은 직업을 자동화하여 일자리 감소를 초래할 수 있습니다. 이는 경제적 불평등을 심화시키고, 사회적 안정성을 위협할 수 있습니다. 자동화로 인한 일자리 대체 문제는 특히 제조업과 서비스업에서 두드러지며, 이에 대한 사회적 대책이 필요합니다.

(2) 자동화의 영향

① 일자리 감소

- **제조업** : 공장에서 로봇이 조립, 포장, 검사 등의 작업을 수행합니다. 이로 인해 공장 노동자의 일자리가 줄어듭니다.
- **서비스업** : 식당에서는 로봇이 음식을 서빙하고, 호텔에서는 로봇이 방을 청소합니다. 이로 인해

서비스업 종사자의 일자리가 줄어듭니다.

② 경제적 불평등

• 자동화로 인해 기술을 가진 사람과 그렇지 않은 사람 사이의 격차가 커질 수 있습니다. 기술을 가진 사람들은 더 높은 급여를 받지만, 그렇지 않은 사람들은 일자리를 잃거나 낮은 임금을 받게 됩니다. ㉺ 프로그래밍이나 로봇 공학에 능숙한 사람들은 새로운 일자리를 쉽게 찾을 수 있지만, 그렇지 않은 사람들은 일자리를 찾기 어려울 수 있습니다.

(3) 자동화로 인한 일자리 대체의 예

① 제조업

• **자동차 공장** : 로봇이 자동차 부품을 조립하고 용접합니다. 이로 인해 많은 공장 노동자가 일자리를 잃었습니다.

② 서비스업

• **패스트푸드점** : 무인 주문 기계가 주문을 받고, 주방에서는 로봇이 음식을 조리합니다. 이로 인해 많은 점원이 일자리를 잃었습니다.

(4) 사회적 대책

① 재교육과 직업 훈련

• 기술이 발전함에 따라, 새로운 직업을 위한 교육과 훈련 프로그램을 제공해야 합니다. 이를 통해 사람들이 새로운 기술을 배우고, 자동화로 인해 사라진 일자리를 대신할 수 있는 새로운 일자리를 찾을 수 있습니다. ㉺ 프로그래밍, 데이터 분석, 로봇 공학 등의 기술을 배우는 교육 프로그램이 필요합니다.

② 사회 안전망 강화

• 자동화로 인해 일자리를 잃은 사람들을 지원하기 위해, 실업급여와 같은 사회 안전망을 강화해야 합니다. 이를 통해 사람들이 일자리를 잃더라도 최소한의 생활을 유지할 수 있습니다. ㉺ 실업급여, 주거 지원, 의료 지원 등의 복지 프로그램 도입이 이에 해당합니다.

③ 새로운 일자리 창출

• 정부와 기업은 자동화로 인해 사라진 일자리를 대신할 수 있는 새로운 일자리를 창출해야 합니다. 이를 위해 새로운 산업을 개발하고, 혁신적인 기술을 도입해야 합니다. ㉺ 재생 에너지 산업, 헬스케어 산업, 정보통신 산업 등의 신성장 산업을 육성해야 합니다.

6) 윤리적 책임과 투명성 부족

(1) 블랙박스 문제

많은 AI 시스템은 그 작동 원리를 이해하기 어려운 "블랙박스" 모델입니다. 이는 시스템의 결정 과정이 불투명하여, 오류나 편향이 발생했을 때 책임을 묻기 어렵게 만듭니다. 블랙박스 문제는 특히 딥 러닝 모델에서 두드러지며, 이에 대한 해결책으로 해석 가능한 AI 연구가 진행 중입니다.

(2) 블랙박스 문제의 원인

① 복잡한 모델 구조

딥 러닝 모델은 수백만 개의 매개변수와 여러 층의 신경망으로 구성되어 있습니다. 이 복잡성 때문에 사람이 모델의 내부 작동 방식을 쉽게 이해하기 어렵습니다.

> **예시** • 얼굴 인식 AI가 어떤 기준으로 사람의 얼굴을 인식하는지 정확히 알기 어려운 경우

② 대규모 데이터 학습

AI 모델은 방대한 양의 데이터를 사용해 학습합니다. 이 과정에서 AI가 어떤 패턴을 학습했는지, 어떤 이유로 특정 결정을 내렸는지 파악하기 어렵습니다.

> **예시** • 채용 AI가 어떤 이유로 특정 지원자를 선호하는지 설명하기 어려운 경우

(3) 블랙박스 문제의 영향

① 책임 소재 불명확

AI 시스템의 결정 과정이 불투명하면, 오류나 편향이 발생했을 때 누가 책임을 져야 하는지 명확하지 않습니다.

> **예시** • 자율 주행 자동차가 사고를 일으켰을 때, 어떤 이유로 사고가 발생했는지 설명하기 어려운 경우

② 신뢰성 저하

사용자는 AI 시스템이 어떻게 작동하는지 이해할 수 없으면, 그 시스템을 신뢰하기 어렵습니다.

> **예시** • 의료 AI가 진단을 내렸지만, 그 이유를 설명하지 못하면 의사와 환자는 그 진단을 신뢰하기 어려울 수 있습니다.

③ 법적 및 윤리적 문제

AI의 불투명성은 법적 문제와 윤리적 논란을 야기할 수 있습니다. 이는 AI의 공정성과 책임성을 확보하는 데 어려움을 초래합니다.

> 예시 • 법정에서 AI의 결정이 공정했는지를 판단하기 어려운 경우

(4) 블랙박스 문제 해결 방안

① 해석 가능한 AI(Explainable AI)

AI 모델이 어떻게 결정을 내리는지 설명할 수 있는 기술을 개발하는 것입니다. 이는 AI의 투명성을 높이고, 사용자가 AI를 신뢰할 수 있게 합니다.

> 예시 • AI가 어떤 기준으로 특정 결정을 내렸는지 시각적으로 설명하는 도구

② 모델의 단순화

가능한 한 단순한 모델을 사용하여, 사람이 이해하기 쉬운 형태로 설계합니다. 이는 AI의 해석 가능성을 높입니다.

> 예시 • 복잡한 딥 러닝 모델 대신, 비교적 단순한 결정 트리 모델을 사용하는 경우

③ 법적 규제와 가이드라인

AI의 투명성과 책임성을 확보하기 위해, 법적 규제와 가이드라인을 마련해야 합니다. 이를 통해 AI 시스템의 공정성과 신뢰성을 확보할 수 있습니다.

> 예시 • AI 시스템이 중요한 결정을 내릴 때, 그 이유를 설명하도록 요구하는 법적 규제

마. 인공지능의 개인정보 및 저작권 침해

인공지능(AI)의 발전은 많은 편리함과 혁신을 가져왔지만, 개인정보 보호와 저작권 문제에 있어서 심각한 윤리적 및 법적 도전을 동반하고 있습니다. 아래에서는 AI와 관련된 개인정보 침해와 저작권 침해에 대한 문제를 구체적으로 설명하겠습니다.

1) 개인정보 침해

(1) 데이터 수집과 분석

AI 시스템은 대규모 데이터를 수집하고 분석함으로써 작동합니다. 이 과정에서 개인의 민감한 정보가 포함될 수 있으며, 적절한 동의 없이 이러한 데이터를 사용하는 것은 개인정보 침해로 이어질 수 있습니다. 예를 들어, 스마트폰 애플리케이션이나 웹사이트는 사용자 행동을 추적하여 맞춤형 광고를 제공하기 위해 개인 데이터를 수집합니다.

(2) 얼굴 인식 기술

얼굴 인식 기술은 공공장소나 온라인 플랫폼에서 개인을 식별하고 추적할 수 있습니다. 이는 개인의 프라이버시를 심각하게 침해할 수 있으며, 특히 동의 없이 이러한 기술이 사용될 때 문제가 됩니다. 많은 국가에서 공공장소의 CCTV와 연결된 얼굴 인식 시스템이 프라이버시 침해 논란을 불러일으키고 있습니다.

(3) 데이터 보안

AI 시스템이 저장하고 처리하는 데이터는 해킹이나 데이터 유출 등의 위협에 노출될 수 있습니다. 이는 개인 정보가 악의적인 목적에 사용되거나 불법적으로 공개되는 위험을 증가시킵니다. 대규모 데이터 유출 사건은 주로 해킹 공격이나 내부자 유출에 의해 발생하며, 이는 개인의 신원 도용 및 사기 범죄로 이어질 수 있습니다.

2) 저작권 침해

(1) 데이터 사용과 저작권

AI 시스템은 학습을 위해 대량의 데이터를 사용합니다. 이 데이터에는 저작권이 있는 콘텐츠(예 텍스트, 이미지, 음악 등)가 포함될 수 있으며, 저작권자의 허락 없이 이를 사용하는 것은 저작권 침해에 해당할 수 있습니다. 예를 들어, AI 기반의 텍스트 생성 모델은 수백만 개의 온라인 기사와 책을 학습 데이터로 사용합니다. 이러한 데이터가 저작권 보호를 받는 경우, 이를 동의 없이 사용하는 것은 법적 문제가 될 수 있습니다.

(2) 생성된 콘텐츠의 저작권

AI가 생성한 콘텐츠의 저작권은 복잡한 문제를 야기합니다. AI가 만든 텍스트, 음악, 미술 작품 등의 저작권이 누구에게 귀속되는지에 대한 명확한 법적 기준이 부족합니다. 예를 들어, AI가 생성한 예술 작품의 저작권이 AI를 개발한 회사에 있는지, AI를 이용한 사용자에게 있는지에 대한 논쟁이 계속되고 있습니다.

(3) 공정 이용과 AI

AI 연구와 개발을 위해 저작권이 있는 자료를 사용하는 것은 공정 이용(Fair Use) 원칙에 의해 보호될 수 있습니다. 그러나 공정 이용의 범위와 한계는 명확하지 않으며, 이는 법적 분쟁을 초래할 수 있습니다. AI 연구자가 저작권이 있는 자료를 학습 목적으로 사용할 때, 이는 공정 이용으로 간주될 수 있지만, 상업적 목적으로 사용될 경우 문제가 될 수 있습니다.

2. 활용 사례

가. 윤리 침해 사례

AI 기술이 발전하면서 다양한 분야에서 윤리적인 문제가 발생할 수 있습니다. AI는 생활을 더 편리하고 효율적으로 만들어주지만, 동시에 윤리적인 딜레마를 일으킬 수도 있기 때문입니다. 주로 AI의 편향성, 부적절한 데이터 사용, 투명성 부족이 문제를 일으킵니다.

먼저, AI의 편향성 문제를 살펴본다면 AI는 학습 데이터에 따라 결과가 달라지는데, 만약 데이터가 편향되어 있다면 AI도 편향된 결정을 내리게 됩니다. 예를 들어, 채용 과정에서 과거의 데이터가 남성 지원자를 더 많이 포함하고 있다면, AI는 남성 지원자를 더 선호하게 되고 이는 불공정한 대우로 이어질 수 있습니다.

다음으로, 부적절한 데이터 사용 문제를 생각해볼 수 있습니다. AI는 방대한 데이터를 수집하고 분석하는데, 이 과정에서 개인정보가 부적절하게 사용될 위험이 있습니다. 또한 사용자의 동의 없이 데이터를 수집하거나, 다른 목적으로 사용하면 개인정보 침해가 발생할 수 있습니다. 그래서 데이터 보호 정책을 지키고, 사용자의 동의를 받는 것이 중요합니다.

마지막으로, 투명성 부족 문제를 들 수 있습니다. AI의 결정 과정이 불투명하면, 사람들은 AI의 결정을 신뢰하기 어렵기 때문입니다. AI의 결정이 왜 그렇게 되었는지 이해할 수 없으면, 책임을 묻기도 어렵기 때문에 투명성을 높이고, AI의 결정을 설명하는 것이 중요합니다.

이제부터 소개될 사례들은 AI가 어떻게 윤리적인 문제를 일으켰는지, 그리고 문제를 해결하기 위해 어떤 조치가 취해졌는지를 설명하는 내용으로 이를 통해 AI 기술을 올바르게 사용하고 개발하기 위해 무엇을 고려해야 하는지 설명합니다. 이를 통해 AI의 편향성을 줄이고, 데이터를 올바르게 사용하며, 투명성을 높이는 것이 왜 중요한 지를 알게 될 것입니다.

1) 아마존의 AI 채용 시스템

2014년, 아마존은 신입 사원을 더 빠르고 효율적으로 선발하기 위해 AI 기반 채용 시스템을 도입했습니다. 이 시스템은 과거의 입사 지원서 데이터를 학습해서 좋은 후보를 골라내는 역할을 했고 AI는 지원서에 있는 정보를 바탕으로 각 후보자를 평가하고, 최적의 인재를 추천했습니다.

그런데 이 AI 시스템은 남성 지원자를 여성 지원자보다 더 선호하게 되었습니다. 이는 아마존의 기술직 지원자 데이터가 대부분 남성으로 이루어져 있었기 때문이었는데 AI가 학습한 데이터에는 이미 성별 편향이 포함되어 있었고, 이로 인해 AI도 이러한 편향을 그대로 배운 겁니다.

결과적으로 많은 여성 지원자들이 불공정한 대우를 받게 되었던 것입니다. 이는 AI가 기존의 편향을 학습할 때 발생할 수 있는 심각한 문제를 야기했기 때문에 아마존은 이 문제를 발견하고 2017년에 해당 시스템의 사용을 중단했습니다. 이후 아마존은 AI 시스템을 개선하기 위해 다양한 데이터를 학습시키고, AI의 결정을 정기적으로 검토하는 절차를 마련했습니다.

이 사건은 AI 시스템을 설계할 때 다양한 데이터를 사용하고, 편향성을 제거하는 것이 얼마나 중요한지를 잘 보여주었습니다. 이를 통해 우리는 AI가 항상 공정하고 객관적으로 작동하도록 하기 위해 지속적인 검토와 개선이 필요하다는 것을 배울 수 있었습니다.

[그림 Ⅲ-5] 도식화한 아마존 AI 채용 시스템의 문제점(theladders.com)

2) 페이스북의 뉴스 추천 시스템

2016년 미국 대선 기간 동안, 페이스북은 사용자 맞춤형 뉴스 피드를 제공하기 위해 AI 알고리즘을 사용했습니다. 이 알고리즘은 사용자들이 좋아할 만한 콘텐츠를 더 많이 보여주기 위해 만들어졌으며 페이스북은 사용자의 취향과 관심사를 분석하여, 각 사용자에게 맞춤형 뉴스를 추천했습니다.

그런데 Cambridge Analytica라는 회사가 페이스북 데이터를 이용해 사용자들에게 편향된 정치 광고를 제공하면서, 가짜 뉴스가 확산되고 사회적 혼란을 일으켰습니다. Cambridge Analytica는 약 8,700만 명의 페이스북 사용자들의 데이터를 무단으로 수집하여, 이를 바탕으로 사용자들의 정치적 성향을 분석하고, 맞춤형 정치 광고를 제공했으며 이로 인해 사용자들은 편향된 정보에 노출되었고, 이는 미국 대선과 브렉시트 국민투표에 큰 영향을 미쳤습니다.

페이스북은 이 사건 이후 데이터 보호 정책을 강화하고, 가짜 뉴스를 탐지하는 알고리즘을 개선했습니다. 또한, 사용자들의 데이터를 보다 투명하고 안전하게 관리하기 위한 다양한 조치를 취했습니다.

이 사건은 데이터가 잘못 사용될 때 일어날 수 있는 위험성을 잘 보여줬고 우리는 AI가 제공하는 정보의 신뢰성을 높이고, 사용자의 데이터를 안전하게 보호하는 것이 얼마나 중요한지를 깨달을 수 있었습니다.

[그림 Ⅲ-6] 페이스북 로고 (theguardian.com)

3) 구글 번역기의 인종차별적 언어

구글 번역기는 초기 버전에서 특정 성별이나 인종에 대해 차별적인 표현을 사용한 사례가 있었습니다. 예를 들어, "doctor"를 번역할 때 남성으로, "nurse"를 번역할 때 여성으로 번역하는 등의 편향된 결과가 나왔던 거지요.

이는 번역 데이터에 내재된 성별 고정관념 때문이었습니다. 구글 번역기는 사용자들이 입력한 문장을 다양한 언어로 번역하는데, 이 과정에서 번역 데이터에 포함된 편향된 표현을 학습했던 겁니다. 예를 들어, "He is a doctor"와 "She is a nurse"라는 문장이 데이터에 많이 포함되어 있었다면, 구글 번역기는 이를 학습하여 "doctor"는 남성으로, "nurse"는 여성으로 번역하게 되었습니다. 이러한 편향된 번역 결과는 성별 고정관념을 강화하고, 특정 성별이나 인종에 대한 차별을 초래할 수 있기 때문에 문제가 되었습니다.

구글은 이를 개선하기 위해 다양한 언어와 문화를 존중하는 데이터를 사용하고, 번역 결과를 정기적으로 검토하여 편향적인 표현을 수정했습니다. 또한, 사용자들이 번역 결과를 피드백할 수 있는 기능을 추가하여, 사용자들의 의견을 반영하여 번역 품질을 개선했습니다.

이 사례는 AI가 문화적 편견을 어떻게 재생산할 수 있는지를 잘 보여준 사례입니다. 덕분에 우리는 AI 번역기를 만들 때 다양한 문화와 성별을 존중하는 데이터를 사용하는 것이 중요하다는 것을 깨달았습니다.

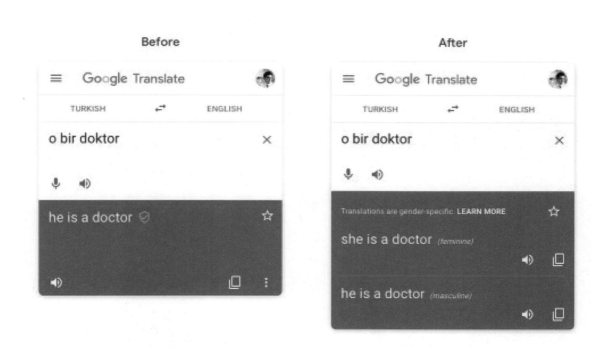

[그림 Ⅲ-7] 구글 번역기의 편향된 번역 예시(blog.google)

4) 유튜브의 동영상 추천 알고리즘

유튜브는 AI를 사용해 사용자들이 좋아할 만한 동영상을 합니다. 여기에 활용되는 유튜브의 알고리즘은 사용자의 시청 기록을 분석하여, 각 사용자에게 맞춤형 동영상을 추천하는 역할을 합니다.

그러나 이 알고리즘은 자극적이고 선정적인 콘텐츠를 더 많이 추천하면서, 폭력적이거나 부적절한 동영상이 어린이들에게 노출되는 문제를 야기했습니다. 유튜브는 사용자가 더 많은 시간을 플랫폼에 머무르도록 하기 위해, 자극적이고 논란이 될 수 있는 콘텐츠를 우선적으로 추천했고 이는 특히 어린이 사용자들에게 큰 영향을 미쳤습니다. 유튜브 키즈 앱에서도 폭력적이거나 부적절한 동영상이 추천되는 사례가 대표적입니다.

유튜브는 부적절한 콘텐츠를 걸러내는 알고리즘을 강화하고, 부모님들이 자녀의 유튜브 사용을 관리할 수 있도록 도움을 주기 위해 다양한 조치를 취했습니다. 유튜브는 콘텐츠 검토 팀을 확대하고, 사용자 신고 시스템을 강화하여 부적절한 콘텐츠를 빠르게 제거하는 방안을 마련했고 부모님들이 자녀의 유튜브 사용을 관리할 수 있는 기능을 추가하고, 유해 콘텐츠를 차단하는 필터를 강화했습니다.

이 사례는 AI 알고리즘이 사회적으로 부정적인 영향을 미칠 수 있다는 것을 잘 보여줬습니다. 이를 통해 우리는 AI가 추천하는 콘텐츠의 질을 높이고, 사용자들이 안전하게 콘텐츠를 소비할 수 있도록 관리하는 것이 중요하다는 것을 배울 수 있었습니다.

[그림 III-8] 유튜브 서비스 사용자 예시 이미지(nytimes.com)

5) 애플의 Siri와 성별 편향

애플의 Siri는 초기 버전에서 남성 목소리를 기본 설정으로 사용했는데 이는 사용자들이 남성을 더 신뢰하게 만드는 성별 편향을 초래할 수 있었습니다. 초기의 Siri는 주로 남성 목소리로 설정되어 있었기 때문에, 사용자들은 남성 목소리를 듣고 더 신뢰감을 느끼게 되었습니다.

이러한 편향은 성별 고정관념을 강화할 위험이 있어 수정이 필요했습니다. 예를 들어, 기술적인 질문이나 중요한 정보에 대한 답변을 할 때 어떤 근거도 없이 남성의 목소리가 더 신뢰받는다는 연구 결과처럼 잘못된 인식을 강화할 수 있기 때문입니다.

애플은 이를 개선하기 위해 Siri의 목소리 선택 옵션을 다양화하고, 사용자가 선호하는 목소리를 선택할 수 있도록 했습니다. 이런 조치를 통해 사용자는 Siri를 남성 목소리와 여성 목소리 중 선택할 수 있으며, 다양한 언어와 억양을 지원하여 사용자들이 자신에게 맞는 목소리를 선택할 수 있게 되었습니다. 또한, 애플은 Siri의 성능을 개선하고, 사용자 피드백을 반영하여 지속적으로 업데이트하고 있습니다.

이 사례는 AI 음성 비서가 사용자에게 어떤 영향을 미칠 수 있는지를 잘 보여줬습니다. 우리는 AI 음성 비서를 개발할 때 다양한 목소리와 성별 옵션을 제공하는 것이 중요하다는 것을 깨달을 수 있었습니다.

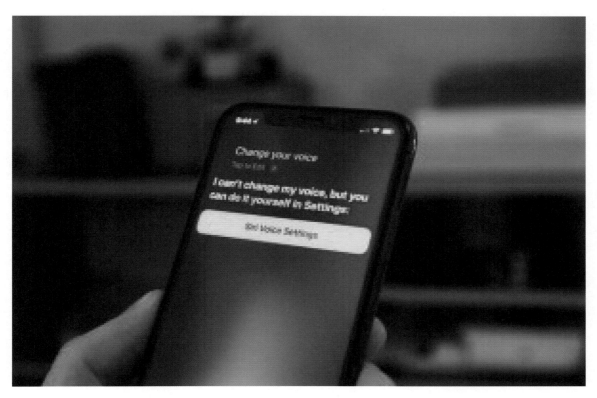

[그림 Ⅲ-9] 애플의 인공지능 비서 Siri의 예시 이미지(news.appstory.co.kr)

이러한 사례들을 통해 우리는 AI 기술이 윤리적인 문제를 일으킬 수 있다는 것을 알 수 있었습니다. 따라서 AI를 개발하고 사용할 때는 항상 공정성과 투명성을 고려해야 하고, 데이터의 편향성을 제거하며, 정기적으로 AI의 결정을 검토해 AI 기술을 안전하고 윤리적으로 활용하는 것이 중요합니다.

나. 개인정보 침해 사례

AI 기술이 발전하면서, 우리의 일상생활은 더욱 편리해졌지만, 동시에 개인정보 침해와 관련된 문제들도 많이 발생하게 되었습니다. 이러한 문제들은 주로 데이터의 무단 수집, 부적절한 사용, 그리고 보안 부족으로 인해 발생합니다. 예를 들어, 스마트폰 앱이나 웹사이트에서 우리의 위치 정보, 검색 기록, 심지어 대화 내용까지 수집하고 분석하는 경우가 많습니다. 이렇게 수집된 데이터는 우리가 모르는 사이에 광고 목적으로 사용되거나, 심지어 해킹을 통해 유출되기도 합니다.

이러한 개인정보 침해 문제는 우리의 사생활을 위협하고, 나아가 사회적인 문제로도 이어질 수 있습니다. 예를 들어, 우리의 개인 정보가 유출되면, 금융 사기나 신분 도용과 같은 범죄에 악용될 수 있습니다. 뿐만 아니라, 기업이나 정부 기관이 우리의 데이터를 어떻게 사용하고 있는지 알 수 없기 때문에, 투명성과 신뢰성도 떨어지게 됩니다.

개인정보 침해 문제는 특히 어린이와 청소년들에게도 큰 영향을 미칠 수 있습니다. 예를 들어 어린이들은 개인정보 보호의 중요성을 잘 모르기 때문에, 인터넷이나 앱을 사용할 때 자신의 개인정보를 쉽게 제공할 수 있습니다. 이렇게 수집된 데이터는 마케팅 목적으로 사용되거나, 나쁜 의도를 가진 사람들에게 노출될 위험이 있습니다.

지금부터 소개될 사례들은 AI가 어떻게 개인정보 침해 문제를 일으켰는지, 그리고 이러한 문제를 해결하기 위해 어떤 조치가 취해졌는지를 설명할 것입니다. 이를 통해 우리는 개인정보를 보호하기 위해 무엇을 고려해야 하는지 배울 수 있으며 AI를 안전하고 윤리적으로 활용하기 위해서는 개인정보 보호가 얼마나 중요한지 깨닫고, 이를 실천하는데 도움을 줄 것입니다.

1) 구글 스트리트 뷰의 개인정보 노출

구글 스트리트 뷰는 전 세계의 거리를 촬영하여 사용자들이 실제 거리를 온라인에서 볼 수 있게 해주는 서비스입니다. 이 서비스는 많은 사람들에게 편리함을 제공했지만, 개인정보 노출 문제를 일으키기도 했습니다. 스트리트 뷰 차량이 거리를 촬영하는 과정에서 사람들의 얼굴이나 차량 번호판이 그대로 노출되어 개인정보 침해 문제가 발생했기 때문입니다.

2010년, 구글 스트리트 뷰 차량이 와이파이 네트워크를 무단으로 스캔해 사용자들의 개인 이메일, 비밀번호, 사진 등 민감한 정보를 수집한 사실이 밝혀졌습니다. 이는 사용자들이 알지 못한 채 사생활이 침해된 사례였습니다.

구글은 이 문제가 밝혀지자 즉시 사과하고, 얼굴과 번호판을 흐릿하게 만드는 기술을 도입했습니다. 또한 와이파이 데이터 수집을 중단하고, 이미 수집된 데이터를 삭제했습니다. 이후 구글은 사용자들이 스트리트 뷰를 이용할 때 개인정보가 노출되지 않도록 하기 위해 여러 가지 보안 조치를 강화했습니다.

이 사건은 대규모 데이터 수집 시 개인정보 보호의 중요성을 상기시켰습니다. 기술의 발전은 우리의 삶을 편리하게 하지만, 개인정보 보호가 함께 이루어져야 한다는 것을 보여준 사례입니다.

[그림 Ⅲ-10] 구글 스트리트 뷰 예시 이미지(express.co.uk)

2) 아마존 Alexa의 대화 녹음 문제

아마존의 스마트 스피커인 Alexa는 사용자의 음성 명령을 인식하고 처리하는 과정에서 대화를 녹음할 수 있습니다. 2019년, 아마존 직원들이 이러한 녹음된 대화를 듣고 분석하는 작업을 했다는 사실이 밝혀졌고 이는 사용자의 사생활을 침해하는 문제를 초래했습니다.

아마존은 Alexa가 사용자 명령을 더 잘 이해하고 서비스를 개선하기 위해 대화를 녹음하고 이를 분석하는 과정을 거쳤습니다. 그러나 이 과정에서 녹음된 대화가 직원들에 의해 직접 들려지면서 사생활 침해 문제가 발생한 것입니다. 특히, 일부 대화는 매우 개인적이고 민감한 내용이 포함되어 있었기 때문에 사용자의 프라이버시가 심각하게 침해될 수 있는 상황이었습니다.

아마존은 이후 사용자들이 녹음된 대화를 삭제할 수 있는 옵션을 제공하고, 불필요한 대화를 녹음하지 않도록 설정을 강화했습니다. 또한, 사용자들에게 더 명확하게 알릴 수 있는 방법을 개발하여, 언제 대화가 녹음되고, 어떻게 데이터가 사용되는지를 투명하게 공개했습니다. 아마존은 Alexa의 설정 메뉴를 통해 사용자가 자신의 데이터와 녹음된 대화를 쉽게 관리할 수 있도록 했습니다.

이 사건은 AI 기기를 사용할 때 사용자들의 프라이버시를 보호하는 것이 얼마나 중요한지 일깨운 사례입니다.

[그림 III-11] Amazon Alexa 예시 이미지(seattletimes.com)

3) 위치 정보 추적 문제

2018년, 구글이 사용자들이 위치 추적 기능을 꺼두었음에도 불구하고 위치 데이터를 계속해서 수집한 사실이 밝혀졌습니다. 이는 사용자가 자신의 위치가 추적되지 않는다고 믿고 있었지만 실제로는 구글이 지속적으로 위치 정보를 수집하고 있었다는 것을 의미합니다. 구글은 다양한 서비스를 제공하기 위해 위치 데이터를 사용합니다. 예를 들어, 구글 맵은 사용자에게 실시간 교통 정보를 제공하고, 가까운 음식점이나 명소를 추천해 줍니다. 그러나 이러한 기능이 사용자의 동의 없이 수행된다면 심각한 프라이버시 침해 문제가 발생할 수 있습니다.

구글은 사용자들이 위치 추적 기능을 끄더라도 일부 앱과 서비스는 여전히 위치 데이터를 수집할 수 있도록 설정되어 있었습니다. 이는 사용자들에게 혼란을 주고, 자신들의 위치 정보가 여전히 수집되고 있다는 사실을 알지 못하게 했습니다. 구글의 위치 데이터 수집은 주로 모바일 기기를 통해 이루어졌으며, 이를 통해 사용자의 이동 경로, 방문한 장소 등의 정보를 추적할 수 있었습니다. 이러한 정보는 광고 타겟팅, 마케팅 전략 수립, 사용자 경험 개선 등에 활용될 수 있었지만, 사용자의 프라이버시를 침해할 수 있는 큰 문제였습니다.

구글은 이 문제가 드러나자 위치 정보 수집에 대해 더 명확하게 동의를 받고, 사용자가 언제든지 위치 추적을 중단할 수 있도록 조치했습니다. 사용자는 구글 계정 설정에서 위치 추적 기능을 쉽게 관리할 수 있게 되었습니다. 또한, 구글은 위치 추적과 관련된 모든 설정을 사용자에게 투명하게 공개하고, 명확하게 설명하는 노력을 기울였습니다. 이 사건은 위치 정보와 같은 민감한 데이터가 어떻게 수집되고 있는지, 그리고 이를 사용자가 어떻게 통제할 수 있는지에 대한 중요성을 상기시킨 사례가 되었습니다.

[그림 Ⅲ-12] 구글 지도 예시 이미지(zdnet.co.kr)

4) Equifax의 데이터 유출 사건

2017년, 미국의 신용평가 회사 Equifax가 해킹 공격을 받아 약 1억 4,300만 명의 고객들의 개인정보가 유출되는 사고가 발생했습니다. 이 사건으로 인해 많은 사람들의 이름, 사회보장번호, 생년월일, 주소 등이 노출되었고 이는 금융 사기와 신분 도용의 위험을 크게 증가시켰습니다. 해커들은 Equifax의 보안 시스템의 취약점을 이용해 대규모로 데이터를 유출했고 이 사건은 개인정보 보호와 보안 시스템의 중요성을 다시 한번 강조하는 계기가 되었습니다.

Equifax는 이후 보안 시스템을 강화하고, 고객들의 개인정보를 더욱 안전하게 보호하기 위한 조치를 취했습니다. 또한, 피해를 입은 고객들에게 무료 신용 모니터링 서비스를 제공하고, 유출된 데이터를 보호하기 위한 다양한 조치를 시행했습니다. Equifax는 해킹 공격 이후 내부 시스템을 철저히 점검하고, 보안 프로토콜을 업그레이드하는 방법으로 재발 방지를 위해 노력했습니다.

이번 사건은 대규모 데이터베이스를 관리하는 회사들이 얼마나 철저한 보안 조치를 취해야 하는지를 명확히 보여준 사례입니다. 또한 고객의 개인정보를 보호하기 위해서는 강력한 보안 시스템을 구축하고, 정기적으로 이를 점검하는 것이 필수적이며 해킹 등의 위협에 대비하기 위해 지속적으로 최신 보안 기술을 도입하고, 직원 교육을 통해 보안 인식을 높이는 것도 중요하다는 것을 알렸습니다.

[그림 III-13] Equifax 예시 이미지(itworld.co.kr)

이러한 사례들을 통해 우리는 AI 기술이 개인정보 침해 문제를 일으킬 수 있다는 것을 배울 수 있습니다. 따라서 AI를 개발하고 사용할 때는 항상 개인정보 보호를 최우선으로 고려해야 하고, 데이터를 안전하게 관리하는 것이 중요합니다. 이렇게 하면 AI 기술을 안전하고 윤리적으로 활용할 수 있습니다.

AI 윤리 및 정보보호 자격 시험 문제

[4지선다형]

01. AI 윤리란 무엇인가요?

① AI 기술이 사람처럼 생각하도록 만드는 규칙

② AI 기술이 인간의 권리를 존중하고 사회적 가치를 지키도록 하는 규칙

③ AI 기술을 빠르게 발전시키는 방법

④ AI 시스템의 성능을 향상시키는 기술

▶ 정답 ②

▶ 해설
AI 윤리는 AI가 올바르게 사용되어 인간의 권리와 사회적 가치를 존중하도록 하는 원칙입니다.

02. 정보보호가 필요한 이유는 무엇인가요?

① AI 시스템의 속도를 높이기 위해서

② 개인의 민감한 정보를 안전하게 관리하기 위해서

③ AI 시스템의 크기를 줄이기 위해서

④ AI 기술을 더욱 강력하게 만들기 위해서

▶ 정답 ②

▶ 해설
정보보호는 AI 시스템이 처리하는 개인의 민감한 정보를 안전하게 보호하기 위한 조치입니다.

03. AI의 편향성이란 무엇인가요?

① AI가 결정을 내릴 때 무작위로 선택하는 것

② AI가 특정 데이터에 따라 치우친 결정을 내리는 것

③ AI가 오류를 일으키는 것

④ AI가 데이터를 학습하지 못하는 것

▶ 정답 ②

▶ 해설
AI의 편향성은 학습 데이터의 편향으로 인해 AI가 치우친 결정을 내리는 것을 의미합니다.

04. AI 시스템에서 발생할 수 있는 오류의 예는 무엇인가요?

① AI가 정확한 예측을 하는 경우

② AI가 잘못된 정보를 제공하는 경우

③ AI가 매우 빠르게 학습하는 경우

④ AI가 데이터를 많이 저장하는 경우

▶ 정답 ②

▶ 해설
AI 시스템의 오류는 잘못된 정보 제공, 예측 실패 등 다양한 문제로 이어질 수 있습니다.

05. AI 안전성이 필요한 이유는 무엇인가요?

① AI 시스템이 느리게 작동하도록 하기 위해서

② AI 시스템이 예측 가능하고 신뢰할 수 있도록 보장하기 위해서

③ AI 시스템의 크기를 줄이기 위해서

④ AI 시스템의 전원을 항상 켜두기 위해서

정답 ②

해설
AI의 안전성은 시스템이 예측 가능하고 신뢰할 수 있는 방식으로 작동하도록 보장하는 것을 의미합니다.

06. 정보보호에서 다루는 내용은 무엇인가요?

① 개인의 민감한 정보 관리 및 보호

② AI 시스템의 속도 향상

③ AI 기술의 발전 방향

④ AI의 크기 감소

정답 ①

해설
정보보호는 개인의 민감한 정보를 무단 접근, 유출, 손실로부터 보호하는 것을 포함합니다.

07. 편향성 문제를 해결하기 위한 방법은 무엇인가요?

① AI 시스템을 더 많이 학습시킨다.

② 다양한 데이터 세트를 사용하여 AI를 학습시킨다.

③ AI 시스템의 전원을 끈다.

④ AI를 자주 업데이트하지 않는다.

정답 ②

해설
다양한 데이터 세트를 사용하여 AI를 학습시키면 편향성을 줄일 수 있습니다.

08. 오류 사례의 예는 무엇인가요?

① AI가 정확한 결과를 예측하는 것

② 자율주행 차량의 AI가 날씨 변화를 인식하지 못하는 것

③ AI가 사람의 말을 잘 이해하는 것

④ AI가 다양한 언어를 학습하는 것

정답 ②

해설
AI의 오류 사례는 자율주행 차량이 날씨 변화를 인식하지 못해 잘못된 판단을 내리는 경우입니다.

09. AI의 안전성을 보장하는 방법은 무엇인가요?

① AI 시스템을 자주 재부팅한다.

② AI 시스템에 다중 감시 장치를 설치한다.

③ AI 시스템을 빠르게 작동시킨다.

④ AI 시스템을 수동으로 제어한다.

정답 ②

해설
AI의 안전성을 보장하기 위해서는 다중 감시 장치를 설치하여 시스템의 안정성을 강화해야 합니다.

10. 카툰(122p) 예시에서 AI가 학생의 시험 점수를 예측할 때 발생한 문제는 무엇인가요?

① AI가 학생의 이름을 잘못 입력했다.

② AI가 일부 학생의 성적 향상을 반영하지 못했다.

③ AI가 시험 문제를 잘못 출제했다.

④ AI가 점수를 무작위로 배정했다.

▶ 정답 ②

▶ 해설
카툰 예시에서 AI는 일부 학생의 최근 성적 향상을 반영하지 못하여 잘못된 점수를 예측했습니다.

11. 인공지능의 윤리적 문제 중 하나인 프라이버시 침해의 주요 원인은 무엇인가요?

① 인공지능의 성능 저하

② 인공지능의 높은 비용

③ 얼굴 인식과 감시 시스템

④ 데이터 저장 공간 부족

▶ 정답 ③

▶ 해설
얼굴 인식과 감시 시스템은 개인의 동의 없이 개인을 식별하고 추적할 수 있기 때문에 프라이버시 침해의 주요 원인이 됩니다.

12. 다음 중 인공지능이 개인정보를 침해할 수 있는 방법은 무엇인가요?

① 데이터 수집과 분석

② 하드웨어 업그레이드

③ 소프트웨어 디버깅

④ 그래픽 처리

▶ 정답 ①

▶ 해설
인공지능이 개인정보를 침해할 수 있는 방법은 데이터 수집과 분석을 통해 개인의 정보를 추출하고 사용할 수 있기 때문입니다.

13. 얼굴 인식 기술이 프라이버시를 침해할 수 있는 이유는 무엇인가요?

① 인공지능의 성능을 높이기 위해

② 개인의 동의 없이 개인을 식별하고 추적할 수 있어서

③ 데이터 처리 속도를 높이기 위해

④ 컴퓨터의 메모리를 절약하기 위해

▶ 정답 ②

▶ 해설
얼굴 인식 기술은 개인의 동의 없이 개인을 식별하고 추적할 수 있어 프라이버시를 침해할 수 있습니다.

14. 데이터 보안이 중요한 이유는 무엇인가요?

① 인공지능의 학습 속도를 높이기 위해

② 개인 정보가 악의적으로 사용되거나 불법적으로 공개되는 것을 방지하기 위해

③ 더 많은 데이터를 수집하기 위해

④ 인공지능의 정확도를 낮추기 위해

▶ 정답 ②

▶ 해설
데이터 보안이 중요한 이유는 개인 정보가 악의적으로 사용되거나 불법적으로 공개되는 것을 방지하기 위해서입니다.

15. 저작권 침해와 관련된 인공지능 문제는 무엇인가요?

① 인공지능의 처리 능력을 높이기 위해

② 저작권자의 허락 없이 데이터를 학습에 사용하는 것

③ 인공지능의 비용을 절감하기 위해

④ 인공지능의 크기를 줄이기 위해

▶ 정답 ②

▶ 해설
저작권자의 허락 없이 데이터를 학습에 사용하는 것은 저작권 침해와 관련된 인공지능 문제 중 하나입니다.

16. 인공지능이 생성한 콘텐츠의 저작권 문제가 발생하는 이유는 무엇인가요?

① 인공지능의 학습 속도가 느리기 때문에

② 인공지능이 만든 콘텐츠의 저작권이 누구에게 귀속되는지 불분명하기 때문에

③ 인공지능의 데이터 처리 속도가 낮기 때문에

④ 인공지능의 메모리 사용량이 많기 때문에

▶ 정답 ②

▶ 해설
인공지능이 만든 콘텐츠의 저작권이 누구에게 귀속되는지 불분명하기 때문에 저작권 문제가 발생합니다.

17. 공정 이용 원칙에 따라 인공지능이 저작권이 있는 자료를 사용하는 경우 문제가 될 수 있는 상황은 무엇인가요?

① 학습 목적으로 사용하는 경우

② 상업적 목적으로 사용하는 경우

③ 연구 목적으로 사용하는 경우

④ 교육 목적으로 사용하는 경우

▶ 정답 ②

▶ 해설
공정 이용 원칙에 따라 인공지능이 저작권이 있는 자료를 상업적 목적으로 사용하는 경우 문제가 될 수 있습니다.

18. 인공지능 블랙박스 문제가 발생했을 때의 주요 영향은 무엇인가요?

① 시스템의 투명성 증가

② 사용자의 신뢰성 저하

③ 모델의 단순화

④ 데이터 처리 속도 향상

▶ 정답 ②

▶ 해설
인공지능 블랙박스 문제가 발생했을 때의 주요 영향은 시스템의 투명성이 부족하여 사용자의 신뢰성이 저하되는 것입니다.

19. 자율 무기 시스템의 주요 윤리적 문제는 무엇인가요?

① 기술적 결함으로 인한 오작동

② 인간의 개입 없이 목표를 식별하고 공격할 수 있음

③ 저비용으로 대량 생산 가능

④ 높은 정확도와 신뢰성

▶ 정답 ②

▶ 해설
자율 무기 시스템의 주요 윤리적 문제는 인간의 개입 없이 목표를 식별하고 공격할 수 있다는 점입니다.

20. 딥페이크 기술이 정치적 목적으로 악용될 수 있는 사례는 무엇인가요?

① 정치인의 발언을 조작하여 거짓 정보를 퍼뜨리는 것

② 고해상도 이미지를 생성하는 것

③ 음성 인식을 개선하는 것

④ 데이터 분석 속도를 높이는 것

▶ 정답 ①

▶ 해설
딥페이크 기술이 정치적 목적으로 악용될 수 있는 사례는 정치인의 발언을 조작하여 거짓 정보를 퍼뜨리는 것입니다.

3-2. 사례연구

01. AI의 편향성 문제는 주로 어떤 상황에서 발생할 수 있나요?

① AI가 공정한 데이터를 사용할 때

② AI가 편향된 데이터를 학습할 때

③ AI가 음악을 재생할 때

④ AI가 스포츠 경기를 관람할 때

▶ 정답 ②

▶ 해설
AI가 편향된 데이터를 학습할 때 편향성 문제가 발생하여 공정한 결정을 내리기 어려워집니다.

02. 아마존의 Alexa가 사용자의 대화를 녹음한 이유는 무엇인가요?

① 음악을 더 많이 재생하기 위해

② 사용자 명령을 더 잘 이해하기 위해

③ 인터넷 속도를 높이기 위해

④ 사용자 위치를 추적하기 위해

▶ 정답 ②

▶ 해설
아마존의 Alexa가 사용자의 대화를 녹음한 이유는 사용자 명령을 더 잘 이해하기 위해서입니다.

03. AI가 편향된 데이터를 학습하면 어떤 문제가 발생할 수 있나요?

① 공정한 결정을 내리기 어려워요.

② 더 많은 영화를 추천합니다.

③ 더 많은 친구를 사귑니다.

④ 더 빠르게 달릴 수 있습니다.

▶ 정답 ①

▶ 해설
AI가 편향된 데이터를 학습하면 공정한 결정을 내리기 어려워집니다.

04. 부적절한 데이터 사용 문제는 주로 어떤 상황에서 발생하나요?

① 데이터를 수집할 때 사용자의 동의를 받을 때

② 데이터를 수집할 때 사용자의 동의 없이 할 때

③ 데이터를 사용하지 않을 때

④ 데이터를 삭제할 때

▶ 정답 ②

▶ 해설
부적절한 데이터 사용 문제는 데이터를 수집할 때 사용자의 동의 없이 할 때 주로 발생합니다.

05. AI의 투명성이 부족하면 어떤 문제가 발생할 수 있나요?

① AI의 결정을 신뢰하기 어려워져요.

② 더 많은 영화를 볼 수 있습니다.

③ 운동 능력이 향상됩니다.

④ 더 많은 친구를 사귈 수 있습니다.

정답 ①

해설
AI의 투명성이 부족하면 AI의 결정을 신뢰하기 어려워집니다.

06. 아마존 직원들이 Alexa의 녹음된 대화를 들은 이유는 무엇인가요?

① Alexa의 성능을 개선하기 위해

② 음악을 더 많이 재생하기 위해

③ 더 많은 영화를 추천하기 위해

④ 더 빠르게 달릴 수 있도록 하기 위해

정답 ①

해설
아마존 직원들이 Alexa의 녹음된 대화를 들은 이유는 Alexa의 성능을 개선하기 위해서입니다.

07. AI 시스템의 편향성을 줄이기 위해 필요한 것은 무엇인가요?

① 더 많은 데이터를 수집하는 것

② 공정한 데이터를 사용하는 것

③ AI의 크기를 키우는 것

④ 더 빠른 인터넷을 사용하는 것

정답 ②

해설
AI 시스템의 편향성을 줄이기 위해 공정한 데이터를 사용하는 것이 필요합니다.

08. AI 시스템의 투명성을 높이는 방법은 무엇인가요?

① AI의 결정을 이해할 수 있도록 설명하는 것

② AI의 크기를 줄이는 것

③ 더 많은 영화를 추천하는 것

④ 더 많은 게임을 제공하는 것

정답 ①

해설
AI 시스템의 투명성을 높이는 방법은 AI의 결정을 이해할 수 있도록 설명하는 것입니다.

09. 부적절한 데이터 사용을 방지하기 위해 중요한 것은 무엇인가요?

① 데이터 보호 정책을 지키는 것

② 더 많은 운동을 하는 것

③ 더 많은 책을 읽는 것

④ 더 많은 친구를 사귀는 것

정답 ①

해설
부적절한 데이터 사용을 방지하기 위해 데이터 보호 정책을 지키는 것이 중요합니다.

10. AI가 불공정한 결정을 내리는 이유는 무엇인가요?

① 데이터가 편향되어 있기 때문

② AI의 배터리가 부족하기 때문

③ 인터넷 연결이 끊어지기 때문

④ AI의 크기가 작기 때문

▶ 정답 ①

▶ 해설
AI가 불공정한 결정을 내리는 이유는 데이터가 편향되어 있기 때문입니다.

11. 페이스북의 데이터 스캔들에서 사용자 데이터가 어떻게 사용되었나요?

① 사용자의 동의 없이 수집되고 정치적 목적으로 사용됨

② 음악을 추천하기 위해 사용됨

③ 스포츠 경기 결과를 예측하기 위해 사용됨

④ 요리법을 추천하기 위해 사용됨

▶ 정답 ①

▶ 해설
페이스북의 데이터 스캔들에서 사용자 데이터는 사용자의 동의 없이 수집되고 정치적 목적으로 사용되었습니다.

12. 구글의 스트리트 뷰 서비스는 어떤 문제를 일으켰나요?

① 사용자 위치를 무단으로 추적하고 저장함

② 음악을 재생하지 않음

③ 인터넷 속도를 느리게 함

④ 친구 목록을 삭제함

▶ 정답 ①

▶ 해설
구글의 스트리트 뷰 서비스는 사용자 위치를 무단으로 추적하고 저장함으로써 문제를 일으켰습니다.

13. Equifax의 데이터 유출 사건은 어떤 결과를 초래했나요?

① 수많은 사람들의 개인정보가 유출됨

② 더 많은 음악을 추천함

③ 스포츠 경기 결과를 예측함

④ 더 빠르게 달릴 수 있게 함

▶ 정답 ①

▶ 해설
에퀴팩스의 데이터 유출 사건은 수많은 사람들의 개인정보가 유출되는 결과를 초래했습니다.

14. 페이스북의 데이터 스캔들은 어떤 목적으로 데이터가 사용되었나요?

① 정치적 광고를 타겟팅하기 위해

② 더 많은 음악을 재생하기 위해

③ 스포츠 경기 결과를 예측하기 위해

④ 요리법을 추천하기 위해

▶ 정답 ①

▶ 해설
페이스북의 데이터 스캔들은 정치적 광고를 타겟팅하기 위해 데이터가 사용되었습니다.

15. 구글의 스트리트 뷰 서비스는 어떤 방식으로 사용자 정보를 수집
했나요?

① Wi-Fi 네트워크를 통해

② 사용자의 동의 없이 이메일을 통해

③ 스포츠 경기 중에

④ 책을 읽는 동안

▶ 정답 ①

▶ 해설
구글의 스트리트 뷰 서비스는 Wi-Fi 네트워크를 통해 사용자 정보를 수집했습니다.

16. Equifax의 데이터 유출 사건은 어떤 정보를 유출했나요?

① 개인 신용 정보

② 음악 재생 목록

③ 스포츠 경기 결과

④ 요리법

▶ 정답 ①

▶ 해설
에퀴팩스의 데이터 유출 사건은 개인 신용 정보를 유출했습니다.

17. 개인정보 침해를 방지하기 위해 필요한 것은 무엇인가요?

① 데이터 보호 정책을 준수하는 것

② 더 많은 운동을 하는 것

③ 더 많은 친구를 사귀는 것

④ 더 많은 책을 읽는 것

▶ 정답 ①

▶ 해설
개인정보 침해를 방지하기 위해 데이터 보호 정책을 준수하는 것이 필요합니다.

18. AI 시스템에서 개인정보를 보호하는 방법은 무엇인가요?

① 데이터를 암호화하고 접근을 제한하는 것

② 음악을 더 많이 재생하는 것

③ 스포츠 경기를 관람하는 것

④ 더 많은 친구를 사귀는 것

▶ 정답 ①

▶ 해설
AI 시스템에서 개인정보를 보호하는 방법은 데이터를 암호화하고 접근을 제한하는 것입니다.

19. Equifax 데이터 유출 사건에서 유출된 정보는 어떻게 사용될 수 있나요?

① 신분 도용 및 금융 사기

② 더 많은 음악을 재생하기 위해

③ 스포츠 경기 결과를 예측하기 위해

④ 요리법을 추천하기 위해

▶ 정답 ①

▶ 해설
에퀴팩스 데이터 유출 사건에서 유출된 정보는 신분 도용 및 금융 사기에 사용될 수 있습니다.

20. 페이스북의 데이터 스캔들로 인해 어떤 변화가 필요했나요?

① 데이터 수집과 사용에 대한 투명성 강화

② 음악 재생 목록 확장

③ 스포츠 경기 결과 예측 시스템 개선

④ 요리법 추천 알고리즘 개선

▶ 정답 ①

▶ 해설
페이스북의 데이터 스캔들로 인해 데이터 수집과 사용에 대한 투명성 강화를 위한 변화가 필요했습니다.

MEMO

IV.

실전모의고사

A I 활 용 능 력

(AIT ; AI ability Test)

◉ 시험과목 : AI활용능력 / AI상식
◉ 시험일자 : 2024. 00. 00.(토)
◉ 응시자 기재사항 및 감독위원 확인

수 검 번 호	AIK - 2400 -	감독위원 확인
성 명		

응시자 유의사항

1. 응시자는 신분증 또는 동등한 자격을 갖춘 증빙서류를 지참하여야 시험에 응시할 수 있으며, 시험이 종료될 때까지 신분증을 제시하지 못 할 경우 해당 시험은 0점 처리됩니다.

2. 시스템(PC작동여부, 네트워크 상태 등)의 이상여부를 반드시 확인하여야 하며, 시스템 이상이 있을 시 감독위원에게 조치를 받으셔야 합니다.

3. 시험 중 시스템 오류 또는 시스템 다운 증상에 대해서는 응시자 본인에게 책임이 있습니다.

4. 시험 중 부주의 또는 고의로 시스템을 파손한 경우는 응시자 부담으로 합니다.

5. 작성한 답안 파일은 답안 전송 프로그램을 통하여 자동으로 전송됩니다. 감독위원의 지시에 따라 주시기 바랍니다.

6. 다음사항의 경우 실격(0점) 혹은 부정행위 처리됩니다.

   ① 답안을 저장하지 않거나 최종 제출을 하지 않은 경우

   ② 휴대용 전화기 등 통신장비를 사용할 경우

7. 시험을 완료한 응시자는 감독위원의 지시에 따라 퇴실하여야 합니다.

8. 시험시간이 종료된 이후에는 답안 수정 또는 정정이 불가합니다.

9. 시험문제 공개 및 합격자 발표는 홈페이지(www.ihd.or.kr)에서 확인하시기 바랍니다.

   ※ 합격자 발표 : 2024. 00. 00.(금)

Korea Association for ICT promotion
한국정보통신진흥협회 KAIT

유 의 사 항
- 시험지는 총 7페이지이며, 객관식 40문제로 구성
- 유형별 문제 수 및 배점
  - 객관식 : 40문제 × 2.5점 = 100점
- 합격기준
  - 총점 60점 이상

1. 다음 중 AI의 장점이 아닌 것은?

① 인공지능에 대한 과도한 의존
② 다양한 영역에서 인간에게 편리함 제공
③ 복잡한 상황에서 의사결정 지원
④ 위험한 상황에서 인간을 대체하여 직접 진행

2. 다음 중 AI가 대체할 수 없는 인간의 능력은 무엇인가?

① 연상 능력: 새로운 것을 만들어 내는 능력
② 직관력: 판단이나 추리 등이 없이 대상을 직접 파악할 수 있는 능력
③ 이해력: 인식의 단계를 넘어 전체 상황을 충분히 인지하는 단계의 능력
④ 공간 능력: 물체가 다른 방향으로 있어도 그 물체를 인식할 수 있는 능력

3. 다음 설명에 해당하는 AI의 인식능력은 무엇인가?

최근 들어 자율주행 자동차에 대한 연구개발이 가속화되고 있으며, 머지않아 실용화될 전망이다. 자율주행 자동차 기술에서는 물체의 정확한 인식과 거리 측정이 매우 중요하며, 이는 평행주차에도 적용될 수 있다.

① 음성인식
② 얼굴인식
③ 사물인식
④ 자연어처리

4. 다음 중 헬스케어 서비스에 AI가 적용된 사례가 아닌 것은?

① 병원 진료용 생성형AI, 닥스GPT
② 챗GPT, 미국 의사 면허 시험 통과
③ AI를 이용해 수천만 개의 단백질 구조 분석
④ AI를 이용한 유방암 검진

5. 사용자의 동의 없이 약 8천만 명의 개인 정보를 불법으로 수집한 "2018년 페이스북-케임브리지 분석 사건"과 연관이 있는 윤리적 문제는 무엇인가?

① AI 기술이 사람들의 생각을 조종하는 데 사용될 수 있다는 문제
② 개인 정보가 허락 없이 수집되고, 정치 광고에 이용될 수 있다는 문제
③ 인터넷 사용으로 인해 사람들이 현실 세계와 단절될 수 있다는 문제
④ 인간의 일자리가 AI 기술에 의해 대체될 수 있다는 문제

6. 다음 중 인류의 역사와 인공지능 이후의 미래 예측에 대해 연결이 맞지 않는 것은?

① 5만 년 전 – 현재의 인간인 호모사피엔스 시작
② 600년 전 – 인류 문명의 시작
③ 60년 전 – 인공지능의 시작
④ 30년 후 – 지능의 폭발이 일어나고 인류는 인공지능에 종속될 것으로 추정

7. 다음 창의성의 정의에 대한 설명 중 적절하지 않은 것은?

① 타인의 작품을 모방하는 능력
② 새로운 해결책을 제시하는 능력
③ 기존에 없는 것을 만들어 내는 능력
④ 독창적이되 의미 있고 유용한 능력

8. 다음 중 MS오피스에 적용된 코파일럿의 기능으로 적절하지 않은 것은?

① 회의록 요약 및 제안서 작성
② 데이터의 분석 및 해석, 그래프 작성
③ 워드 문서를 파워포인트 자료로 제작
④ 주석을 쓰면 자동으로 소스 코드 작성

9. 다음 중 이미지 생성 AI 서비스에 대한 설명이 적절하지 않은 것은?

① 모델 편의형: 단어 기반 프롬프트로 이미지 생성
② 서비스 탑재형: 기존 서비스에 탑재되어 작동하는 이미지 생성
③ 통합 기능형: 대화를 주고 받으며 이미지를 통합
④ 특화 기능형: 이미지 추출, 편집, 변환 등 특정 기능에 특화된 서비스

10. 다음 중 Arnold and Toner가 제시한 예측하지 못한 AI 사고 3가지 유형이 아닌 것은?

① 오작동을 일으킬 수 있는 비정상적 값을 입력받는 것
② 시스템이 설계자의 의도와 다른 것을 실행하는 것
③ 허가받지 않은 사용자가 시스템에 접근하는 것
④ 시스템을 적절하게 통제할 수 없는 것

11. 다음 빈칸에 해당하는 AI 윤리와 관련된 용어는 무엇인가?

> AI 윤리는 공학윤리와 달리, 인간과 같은 수준의 윤리적인 가치가 해결되어야 궁극적으로 생산성과 이익이 확보될 수 있다는 방향성을 갖는다. 예를 들어, 데이터 (　) 등에 의해 비윤리적인 알고리즘이 개발되고 확산될 경우, 비윤리적인 알고리즘을 탑재한 인공지능 제품과 서비스의 수요가 증가하게 되고, 이에 따른 사회적 비용이 증가함에 따라 지속 가능한 기술 및 산업 발전은 어려워질 것이다.

① 투명성
② 책무성
③ 편향성
④ 다양성

12. 다음 중 금융 서비스에 AI가 적용된 사례가 아닌 것은?

① 생체인식 결제 서비스
② 고객의 신용정보 분석
③ 불법계좌 탐지 및 모니터링
④ 유전자 분석 기술

13. 다음 중 AI가 일상에 적용된 사례가 아닌 것은?

① VR, AR 기술 도입
② 야구 로봇 심판
③ 챗GPT
④ 자율주행 자동차

14. AI 모델의 오류와 안전성 문제가 발생하는 원인으로 옳지 않은 것은?

① 개발 단계에서 테스트를 거치지 않으면 오류가 생길 수 있다.
② AI가 너무 복잡하면 학습 과정에서 오류 발생 가능성이 높아질 수 있다.
③ AI를 학습시킬 데이터의 품질이 낮으면 안정성이 떨어질 수 있다.
④ 비가 오거나 눈이 오면 성능이 저하되어 오류가 생길 수 있다.

15. 다음 중 챗GPT를 활용한 악성코드 생성 사례로 적절하지 않은 것은?

① 문서파일을 암호화하여 비트코인을 요구하는 랜섬웨어 생성
② 국내 유명 포털사이트를 사칭하여 계정 정보를 탈취하는 피싱메일 생성
③ 텍스트 및 소스 코드를 빠르게 분석하거나 지식을 습득
④ CCTV의 취약점을 분석하고 공격을 위한 코드 생성

16. 다음 중 챗GPT로 인해 발생 가능한 사고에 대한 선제적 조치로 적절하지 않은 것은?

① 보안대책을 수립하고 사전 교육 진행
② 위험수준 분석 및 탐지 등을 위한 기술적/정책적 대응 방안 마련
③ 생성형AI 모델의 결과물을 식별할 수 있는 기술 개발 및 도입
④ 프롬프트 입력, 응답, 업로드 및 생성된 이미지 등 OpenAI의 서비스 활용

17. 다음 빈칸에 해당하는 AI 윤리와 관련된 용어는 무엇인가?

> '사회적 약자와 소수자에 대한 혐오발언 문제는 인공지능의 학습 과정에서 나타난 알고리즘 ( ) 문제와 연계된다. AI 서비스가 윤리적 판단을 하고 말과 행동을 전달하기 위해서는 학습과정에서 적절한 데이터의 활용이 필요하다.

① 투명성
② 책무성
③ 편향성
④ 다양성

18. 다음 중 챗GPT로 발생 가능한 보안문제가 아닌 것은?

① 알고리즘을 이용한 피싱 메일 생산
② 신빙성이 높아 보이는 '가짜' 웹사이트 생성
③ 우선 대응이 필요한 고위험군 문제 선별
④ 챗GPT를 통해 정보를 불법으로 수집하고 악의적으로 사용

19. 우리나라 정부는 2020년 인공지능 윤리기준의 3대 기본원칙과 10대 핵심 요건을 정의했다. 다음 빈칸에 해당하는 10대 핵심 요건은 무엇인가?

> 인공지능을 개발하고 활용하는 전 과정에서 개인의 (　　)을(를) 해야 한다. 인공지능 전 생애주기에 걸쳐 개인 정보의 오용을 최소화하도록 노력해야 한다.

① 프라이버시 보호
② 인권 보장
③ 다양성 존중
④ 공공성 지향

20. AI 윤리란 'AI 연구자나 개발자들이 전문가의 역할 수행에 있어, 그들의 행위를 제어하는 규칙들과 기준들'로 정의할 수 있는데, 다음의 AI 연구 개발과 관련된 윤리 내용으로 적절하지 않은 것은?

① 연구 대상자들이 지켜야 할 기본적인 윤리
② 연구 과정이나 내용을 조작하지 않을 윤리
③ 연구 결과가 영향을 미칠 사회적 문제와 무관하게 연구할 윤리
④ 예측되는 결과들을 효과적으로 판단하고 윤리적으로 문제가 없는지를 판단

21. 다음 중 마이크로소프트의 테이(Tay)에서 발생한 문제점의 해결 방법으로 가장 적합한 것은 무엇인가?

> 2016년 마이크로소프트가 개발한 트위터 인공지능 챗봇 테이는 트위터상에 있는 잘못된 정보를 습득하여 인종차별, 성차별적 발언을 하는 큰 소동이 발생했다. 마이크로소프트는 출시 하루 만에 공식적으로 사과하고 운영을 중단했다.

① AI의 차별적 발언을 하는 기능을 제한한다.
② 다양한 데이터를 학습시켜 합리적 판단을 할 수 있게 한다.
③ 개인정보 보안을 강화하여 정보 유출을 방지한다.
④ 유명인의 발언 등을 집중적으로 학습시킨다.

22. 다음과 같이 AI로 인하여 생길 수 있는 문제를 해결하기 위한 방법으로 알맞지 않은 것은?

> '편향'이라는 것은 AI가 특정 집단이나 개인에 대해 불공평하거나 차별적인 결과를 만들어낼 수 있다는 것을 의미한다. 특정 인물만 같은 규칙을 지키지 않거나, 편하게 해주는 것과 같다.

① 모두가 똑같이 AI를 사용할 수 있어야 한다.
② AI를 만드는 사람들이 공정하게 생각하고 행동해야 한다.
③ AI를 사용하는 사람은 책임감을 가져야 한다.
④ 기술이 가장 발전한 국가에서 AI를 관리해야 한다.

23. 다음 중 스캐터랩이 개발한 이루다에서 보안 사고가 발생한 원인으로 가장 적합한 것은 무엇인가?

이루다는 스타트업 스캐터랩이 실제 연인들의 카카오톡 대화 내용 100억 건을 토대로 개발('20.12.) 되었으며, 많은 젊은 연령층들이 사용한 인기 AI 챗봇이었으나 20여일 만에 운영 중지되었다. 이루다는 특정 은행의 예금주로 누군가의 실명을 언급하거나, 아파트 동/호수까지 포함된 주소를 말하는 사례가 발견되며 개인정보 유출 의혹이 발생하였다.

① AI 개발 관련 보안 장비에 대한 충분한 투자가 부족하였다.
② 100억 건의 대화 내용 중 개인정보 보호에 대한 내용이 없었다.
③ 개인정보에 대한 개념설정과 보안에 대한 학습이 부족하였다.
④ AI의 개인정보 유출은 위법사항이 아니므로 문제될 것이 없다.

24. 다음 중 딥러닝의 특징이 아닌 것은?

① 용량이 큰 데이터 처리에 적합하다.
② 성능이 뛰어난 컴퓨터를 사용하여야 한다.
③ 자동으로 데이터 분류 등이 가능하다.
④ 짧은 시간에 학습이 가능하다.

25. 다음 중 AI에 대한 설명으로 옳지 않은 것은?

① 인간보다 더 많은 정보를 가지고 행동할 수 있도록 컴퓨터와 기계를 만드는 기술이다.
② 언어, 철학과 같은 넓고 다양한 분야에 활용이 가능하다.
③ 인터넷을 통해 컴퓨터, 정보 저장공간, 프로그램 등을 원격으로 사용할 수 있도록 하는 기술이다.
④ 데이터 분석, 언어 번역, 정보 검색 등에 다양한 도움을 주는 기술이다.

26. 2018년 아마존의 AI 채용시스템이 서류 심사 과정에서 '남성 편향적'으로 평가를 하는 것은 AI의 어떤 문제점을 의미하는가?

① 안전성
② 정확성
③ 공공성
④ 편향성

27. 딥러닝과 인공신경망에 대한 설명 중 옳지 않은 것은?

① 인공신경망은 1943년에 처음 만들어졌다.
② 딥러닝 소프트웨어는 사람이 특징을 선택해서 학습시켜야 한다.
③ 딥러닝에는 컨볼루션 신경망과 순환 신경망 같은 여러가지 신경망이 존재한다.
④ 딥러닝은 예측 결과를 더 좋게 만들기 위해 여러 가지 방법을 사용한다.

28. 다음 중 생활 속 AI 활용사례로 옳지 않은 것은?

① 애플 Siri
② 고객 상담용 챗봇
③ 유튜브 콘텐츠 추천
④ 마켓컬리 새벽배송

29. 다음 중 제조 공장에서 AI를 활용하여 효율성을 높이는 방법으로 옳지 않은 것은?

① 공장 전체의 정보를 모아서 컴퓨터가 공장을 관리하고 문제를 해결한다.
② 기계들을 컴퓨터와 연결하여 서로 정보를 공유한다.
③ 공장 안의 기계들이 서로 연결되어 실시간으로 정보를 주고 받는다.
④ 제품이나 물건을 운반하기 위해 컨베이어 벨트를 사용한다.

30. 다음 중 AI 기술 활용으로 인해 발생할 수 있는 윤리적 문제로 옳지 않은 것은?

① AI 기술 자체가 윤리적인 판단을 할 수 없어서 인간의 판단에 의존해야 한다.
② AI 기술이 편견을 가진 결과를 만들 수 있으며 이는 특정 집단에 대한 차별을 초래할 수 있다.
③ 개인 정보를 침해하고 악용될 위험이 있다.
④ AI 기술 활용으로 새로운 일자리를 많이 생성된다.

31. 다음 중 텍스트 생성형AI의 활용으로 옳지 않은 것은?

① 시, 노래, 대본 등을 만든다.
② 이메일이나 편지 등을 만든다.
③ 인간의 모습이나 풍경 등의 이미지를 만든다.
④ 다른 나라 언어를 번역하여 문장을 만든다.

32. 다음 설명에 해당하는 인공지능의 미래와 관련된 용어는 무엇인가?

> 인공지능 기술이 인간 능력을 뛰어넘어 새로운 문명을 만들어 내는 미래의 시점을 말하며, 급격한 기술적 발달의 결과 제어가 어렵고 다시는 되돌릴 수 없을 정도의 인류 문명 변화를 가져올 가설적인 미래 시점이다. 미래학자들은 인간의 지능을 닮은 인공지능이 통제 불가능한 수준으로 발전되어 지능의 폭발(Intelligence Explosion)이 일어나는 이 현상이 다가올 것이라 예견하고 있다.

① 슈퍼 인공지능
② 인공지능의 오용
③ 기술적 특이점
④ 인공지능 예측

33. AI 모델의 오류 해결 방법으로 옳지 않은 것은?

① AI 학습 데이터의 품질 관리
② AI 윤리적 가이드라인 마련
③ 지속적인 테스트 진행
④ 검증 및 평가는 개발 완료 후 진행

34. 다음 중 AI 기술로 인한 개인정보 침해의 문제점이 아닌 것은?

① 알고리즘 편향
② 개인정보 유출
③ 개인정보 무단 수집 및 활용
④ 이용자의 비밀번호 패턴 분석

35. AI 모델이 사용자의 음성 데이터를 수집할 때 내용으로 옳은 것은?

① 사용자의 동의를 받아야 한다.
② 사용자의 음성 데이터를 무제한으로 수집할 수 있다.
③ 사용자의 음성 데이터는 저작권 보호 대상이므로 수집이 불가능하다.
④ 사용자의 음성 데이터는 AI 모델이 이미 가지고 있기 때문에 추가적인 보호 조치가 필요하지 않다.

36. 다음 중 딥러닝 기술이 사용되지 않은 사례는?

① 가상환경에서 옷을 입어보고 옷의 크기를 파악한다.
② 차에 운전자가 없어도 자동으로 경로를 파악하고, 장애물을 피한다.
③ 한국어 문장을 다른 나라 사람들의 언어로 번역한다.
④ 드론을 사용하여 재난 현장에서 사람들을 발견한다.

37. 다음 설명에 해당하는 생성형AI 언어모델은 무엇인가?

네이버에서 만든 생성형AI로 2023년 8월 24일에 일반인에 공개되었다. 한국어를 잘하고 한국 문화와 역사에 대한 배경 지식이 엄청 많은 것이 장점이다. 네이버는 이 언어모델을 기반으로 챗GPT 같은 대화형 AI 서비스인 클로바X와 검색에 붙여 검색결과를 더 추천해 주는 생성형AI 검색 네이버 큐:(CUE:)의 베타서비스도 출시했다.

① GPT-4
② 하이퍼클로바X
③ 바드
④ 라마2

38. 다음 중 텍스트 생성형AI 기술을 활용한 사례가 잘못된 것은?

① 바드(Bard)를 이용해서 미국에 있는 친구에게 편지를 보낸다.
② 회사에서 파워포인트 보고서를 만들 때 감마(Gamma)를 사용한다.
③ 미드저니(Midjourney)를 이용해서 영화의 대본을 쓴다.
④ 챗지피티(ChatGPT)를 이용해서 공상과학소설을 쓴다.

39. 다음 중 AI 기술의 발전으로 생기는 변화로 옳지 않은 것은?

① AI 학습 비용의 증가
② 사용 가능 데이터의 증가
③ 기술 발전 속도 향상
④ AI 활용 기술 분야 확대

40. 다음 중 딥페이크 기술 악용으로 인해 발생할 수 있는 문제점으로 옳은 것은?

① 개인정보의 무분별한 수집
② 자율주행 자동차의 잘못된 판단으로 생긴 사고
③ 인간의 개입 없이 자율적으로 목표를 공격하는 무기 시스템
④ 허위 정보 유포 및 명예 훼손

A I 활 용 능 력
(AIT ; AI ability Test)

◉ 시험과목 : AI활용능력 / AI상식
◉ 시험일자 : 2024. 00. 00.(토)
◉ 응시자 기재사항 및 감독위원 확인

수 검 번 호	AIK - 2400 -	감독위원 확인
성 명		

응시자 유의사항

1. 응시자는 신분증 또는 동등한 자격을 갖춘 증빙서류를 지참하여야 시험에 응시할 수 있으며, 시험이 종료될 때까지 신분증을 제시하지 못 할 경우 해당 시험은 0점 처리됩니다.

2. 시스템(PC작동여부, 네트워크 상태 등)의 이상여부를 반드시 확인하여야 하며, 시스템 이상이 있을 시 감독위원에게 조치를 받으셔야 합니다.

3. 시험 중 시스템 오류 또는 시스템 다운 증상에 대해서는 응시자 본인에게 책임이 있습니다.

4. 시험 중 부주의 또는 고의로 시스템을 파손한 경우는 응시자 부담으로 합니다.

5. 작성한 답안 파일은 답안 전송 프로그램을 통하여 자동으로 전송됩니다. 감독위원의 지시에 따라 주시기 바랍니다.

6. 다음사항의 경우 실격(0점) 혹은 부정행위 처리됩니다.

    ① 답안을 저장하지 않거나 최종 제출을 하지 않은 경우

    ② 휴대용 전화기 등 통신장비를 사용할 경우

7. 시험을 완료한 응시자는 감독위원의 지시에 따라 퇴실하여야 합니다.

8. 시험시간이 종료된 이후에는 답안 수정 또는 정정이 불가합니다.

9. 시험문제 공개 및 합격자 발표는 홈페이지(www.ihd.or.kr)에서 확인하시기 바랍니다.

    ※ 합격자 발표 : 2024. 00. 00.(금)

1. 다음 중 AI의 특징이 아닌 것은?

① 사람의 말이나 지시 없이 스스로 생각하고 움직인다.
② 정보를 수집해서 새로운 자료를 만들 수 있다.
③ 데이터 중복을 없애고 구조화하여 저장한다.
④ 주변 환경에 맞춰 움직이고 목표를 달성하기 위해 노력한다.

2. 머신러닝/딥러닝의 모델 학습방법이 아닌 것은?

① 정답을 알려주고 문제를 풀어가며 모델을 학습한다.
② 전문가의 의견만 반영하여 학습한다.
③ 데이터를 보고 어떤 규칙이 있는지 찾아 모델을 학습한다.
④ 데이터를 특징별로 그룹화하여 학습한다.

3. AI 시스템에서 발생할 수 있는 오류의 예시가 아닌 것은?

① 인식 오류로 인해 행인을 신호등으로 착각
② 고객 서비스 챗봇이 질문에 잘못된 답변 제공
③ AI 기반 주식 거래 시스템이 시장 분석을 완벽하게 수행
④ 예상하지 못한 장애물에 자율주행 자동차가 오작동하는 경우

4. AI가 사회, 경제, 윤리적 측면에서 가져올 영향 중 가장 부정확한 예측은?

① AI 도입으로 일자리 변화가 발생할 것이다.
② AI 기술의 악용으로 인한 범죄가 발생할 것이다.
③ 기술의 발전이 중요하므로 윤리적 문제는 고려하지 않아도 된다.
④ 개인정보 보호와 데이터 보안이 AI 기술 발전의 주요 도전 과제가 될 것이다.

5. AI의 윤리적 문제에 대한 설명 중 빈칸에 들어갈 단어로 옳은 것은?

AI는 빠르게 발전하고 있으며 다양한 분야에서 활용되고 있으나 기술의 발전과 함께 AI의 (　　　)이라는 심각한 윤리적 문제가 등장하고 있다.
(　　　)은 AI 모델이 특정 집단이나 개인에 대해 불공정하거나 차별적인 결과를 초래하는 것을 의미한다.

① 사회성
② 도덕성
③ 독립성
④ 편향성

6. 다음 사례 중 AI를 활용하여 해결할 수 있는 이슈가 아닌 것은?

① 과거 데이터를 분석하여 미래에 홍수의 발생 가능성 예측
② 복권 당첨번호 예측
③ 기후 변화 데이터를 분석하여 분석결과를 이미지로 제작
④ 한국어 문서를 프랑스어로 번역

7. AI 기술의 미래 발전 방향에 대한 설명 중 가장 부적절한 것은?

① 의료 진단, 개인 맞춤형 치료 등 건강관리 분야에서 더욱 발전할 것이다.
② 자율주행 자동차의 개발과 상용화될 가능성이 높다.
③ 모든 인간의 직업이 AI에 의해 대체될 것이다.
④ 에너지 효율성이 증가하여 환경 문제 해결에 기여할 것이다.

8. AI 기술 악용을 방지하기 위한 규제 및 대책 중 가장 효과적이지 않은 것은?

① AI 개발자와 사용자에 대한 윤리 교육 강화
② AI 시스템의 결정 과정에 대한 투명성 요구
③ 모든 AI 시스템에 대한 일률적인 규제 적용
④ 국제 협력을 통한 표준화 및 법적 규제 마련

9. 다음은 AI의 역사에서의 중요 인물에 대한 설명이다. 설명에 해당하는 인물은 누구인가?

> 2차 세계대전 때 나치가 사용하던 비밀 무기를 만들어낸 에니그마라는 암호를 풀어낸 사람이다. "컴퓨팅 기계와 지능"이라는 글을 쓰면서 기계가 사람처럼 생각할 수 있는지 묻고, 기계가 사람과 같은 지능을 가졌는지 판단하는 방법을 만들었다.

① 마빈 민스키
② 존 매카시
③ 클로드 섀넌
④ 앨런 튜링

10. AI의 기본적인 정의를 가장 잘 설명한 것은?

① 기계가 인간처럼 생각하고 행동할 수 있게 하는 기술
② 컴퓨터 프로그램을 사용하여 복잡한 계산을 수행하는 기술
③ 인터넷을 통해 정보를 검색하는 기술
④ 전기 신호를 이용해 기계를 제어하는 기술

11. AI 기술의 악용을 예방하기 위한 방법으로 옳지 않은 것은?

① AI 작동 방식을 공개한다.
② 개인 정보를 보호하기 위한 법을 만든다.
③ AI 윤리적 가이드라인을 마련한다.
④ 특정 집단의 의견을 따른 AI 모델 개발을 허용한다.

12. 금융 분야에서 AI가 가져온 변화 중 가장 부적절한 설명은?

① 자동분석을 통한 맞춤형 투자 전략 제시
② 실시간으로 모니터링으로 이상 징후 발견
③ 모든 금융 거래의 AI 자동화
④ 고객의 신용정보 분석 및 금융상품 추천

13. 다음 중 AI를 사용하면서 발생한 개인정보 침해의 사례로 보기 어려운 것은?

① 고객 서비스 챗봇의 사용자 정보 무단 저장
② 소셜 미디어 플랫폼에서 데이터 유출 사고 발생
③ 온라인 교육 플랫폼에서 학습 진행 데이터 공개
④ 추천 알고리즘을 사용해 사용자에게 적절한 콘텐츠 제공

14. AI 기술 사용에 있어서 개인정보 보호를 위한 기본 원칙이 아닌 것은?

① 개인 데이터의 익명화
② 모든 사용자 데이터의 공개적 공유
③ 사용자 동의 기반의 데이터 수집 및 사용
④ 데이터 보안을 위한 암호화 기술 적용

15. 다음 중 AI를 사용하면서 발생할 수 있는 개인정보 침해 사례로 가장 부적절한 것은?

① 건강 모니터링 앱이 사용자의 동의 없이 개인 건강 데이터를 제3자에게 판매하는 경우
② 스마트 홈 기기가 사용자의 생활 패턴을 무단으로 수집하여 광고 목적으로 사용하는 경우
③ AI 기반 추천 시스템이 사용자의 구매 이력을 분석하여 맞춤형 광고를 제공하는 경우
④ 스마트 스피커가 비밀번호와 같은 민감한 정보를 녹음하고 외부 서버에 저장하는 경우

16. AI를 통해 자동으로 생성될 수 있는 문서의 예시 중 가장 부적절한 것은?

① 비즈니스 보고서
② 학술 논문
③ 개인 일기
④ 창작 글

17. AI 기술을 사용하면서 발생할 수 있는 저작권 침해를 방지하기 위한 방법이 아닌 것은?

① AI에 의해 생성된 콘텐츠의 원작자 명시
② 모든 인공지능 생성 콘텐츠를 공공 도메인으로 처리
③ 저작권 있는 데이터 사용 시 라이선스 확인 및 준수
④ 저작권 침해 가능성이 있는 콘텐츠에 대한 사전 검토

18. 데이터 과학과 분석에 대한 설명 중 틀린 것은?

① 데이터로부터 유용한 결과 값을 추출하는 학문이다.
② 대규모 데이터에서 패턴을 찾는 과정을 포함한다.
③ 주로 엑셀을 사용한 데이터 입력에 초점을 맞춘다.
④ 비즈니스 결정을 내리는 데 도움을 줄 수 있는 정보를 제공한다.

19. 다음 중 의료 분야에서 AI의 활용에 대한 설명으로 가장 부적절한 것은?

① 환자의 몸 상태를 분석하여 질병을 탐지할 수 있다.
② 환자에게 맞춤형 치료 방안을 제시한다.
③ 주로 행정적 업무에 활용되고, 진료나 치료 과정에는 사용되지 않는다.
④ 인공지능을 활용하여 정확도를 높이고 서비스 질을 개선할 수 있다.

20. AI 기술을 사용하는 과정에서 발생 가능한 개인정보 침해 사례가 아닌 것은?

① 스마트워치가 사용자의 위치 정보를 실시간으로 추적 및 공개하는 경우
② 쇼핑몰에서 고객의 동의하에 고객의 검색 기록을 분석하고 제품을 추천하는 경우
③ 챗봇이 사용자의 질문 중 개인적인 내용을 저장하고 이를 분석하는 경우
④ SNS 플랫폼이 사용자의 동의 없이 사진을 얼굴 인식 데이터베이스에 추가하는 경우

21. 다음 중 AI의 사용으로 인해 발생 가능한 윤리적 문제가 아닌 것은?

① 판사 개인의 성향이 반영된 재판 결과 예측 인공지능 사용
② 채용평가 시스템의 학력 기반 차별
③ 농작물 수확 예측의 정확도 향상
④ 의료 진단 시 성별에 따른 편향적 분석

22. 다음 중 AI 기술 사용 중 개인정보 침해에 대한 예방책이 아닌 것은?

① 개인정보 데이터 암호화
② 사용자의 동의 없이 데이터의 무단 수집 및 사용
③ 정기적 보안 검사와 취약점 분석
④ 개인정보 수집 데이터 최소화

23. 다음 보기에서 (　　　)에 들어갈 단어로 가장 적절한 것은?

"AI의 (　　　)"은(는), AI의 발전 속도가 빨라서 인간보다 더 똑똑해지고, 더욱 더 빠르게 발전하는 것을 의미한다. 즉, AI가 인간보다 더 똑똑해져서 우리가 제어할 수 없을 정도로 발전하는 순간을 뜻한다. 이 (　　　) 이후에는 AI가 스스로 배우고 성장한다.

---

① 강화학습
② 손익분기점
③ 생성형AI
④ 특이점

24. 인공지능 시스템에서 발생할 수 있는 오류의 유형 중 가장 드문 것은?

① 데이터 입력 오류로 인한 잘못된 결과 생성
② 문제해결 절차의 오류로 인한 시스템 충돌
③ 인공지능이 이용자의 의도와 다르게 자율적으로 목표를 변경
④ 데이터를 과도하게 학습하여 일반화 성능 저하

25. 다음 중 AI의 편향성을 가장 잘 설명하는 것은?

① 항상 정확하고 공정한 결과를 제공한다.
② 데이터 입력 없이도 편향 없는 결정을 내릴 수 있다.
③ 주로 알고리즘의 오류로 인해 발생한다.
④ 편향된 데이터를 학습하여 편향된 결정을 내릴 수 있다.

26. AI의 편향성을 줄이기 위한 효과적인 방안은?

① 오직 고품질의 데이터만 사용하기
② 다양성이 반영된 데이터를 사용하여 시스템을 학습시키기
③ 모든 인공지능 시스템을 동일한 알고리즘으로 구축하기
④ 인공지능 시스템의 학습 과정을 간소화하기

27. 다음 중 AI를 활용한 이미지 생성에 관한 설명 중 가장 정확한 것은?

① 실존하는 객체의 이미지만을 생성할 수 있다.
② 추상적인 개념과 예술 작품을 생성할 수 없다.
③ 사용자의 요구 사항에 맞춰 디자인을 생성할 수 있다.
④ 게임 캐릭터와 같은 존재하지 않는 것은 생성할 수 없다.

28. 다음 중 AI 기술 활용으로 인해 발생할 수 있는 윤리적 문제로 옳지 않은 것은?

① 특정 인종이나 성별에 대한 편견을 가진 AI 시스템을 사용하여 채용 결정을 하는 경우
② 개인의 동의 없이 얼굴 인식 기술을 사용하여 개인의 이동 경로를 추적하는 경우
③ 인간의 개입 없이 자율적으로 목표를 공격하는 무기 시스템을 개발하는 경우
④ AI 기술을 사용하여 기후 변화 문제 해결을 위한 새로운 에너지를 개발한 경우

29. AI 기술의 악용 예로 가장 적절하지 않은 것은?

① 여론을 조작하기 위한 가짜 뉴스 생성
② 개인 사생활을 침해하는 감시 시스템 구축
③ 에너지 효율을 개선하기 위한 지능형 시스템 개발
④ 금융 시스템에 대한 사이버 공격을 실행

30. 다음 설명이 의미하는 것은 무엇인가?

이것은 머신러닝의 한 종류로, 여러 층으로 이루어진 신경망을 사용한다. 이 신경망은 인간의 뇌처럼 생각하고 배우도록 만들어졌지만 아직 인간의 뇌만큼 똑똑하지는 않다. 신경망이 여러 층으로 이루어져 있으면 더 정확하게 예측을 할 수 있다.

① 클라우드 서비스
② 딥러닝
③ 자연어 처리
④ 메타버스

31. 다음 중 AI 기술과 관련이 없는 것은?

① 자율주행 자동차 개발을 위한 강화학습
② 생성형AI 활용
③ 데이터 보안을 위한 블록체인 기술
④ 실시간 번역을 위한 AI 사용

32. AI 시스템에서 발생할 수 있는 윤리 침해 사례가 아닌 것은?

① 개인 의료 진단 정보의 비밀 유출
② 고객의 취향에 맞는 광고 제공
③ 범죄 예측 소프트웨어에 의한 부정확한 프로파일링
④ 인종차별적인 기사 생성

33. 다음 중 제조 산업에서 AI의 활용 사례로 가장 부적절한 것은?

① 품질검사의 자동화
② 생산 라인의 프로세스 최적화
③ 모든 제조 공정을 담당
④ 장비 고장 예측 및 유지보수 계획 수립

34. AI의 역사적 발전 과정에서 1956년에 중요한 이정표가 된 사건은 무엇인가?

① 체스 프로그램이 인간 챔피언을 이김
② 다트머스 회의에서 '인공지능(AI)'이라는 용어가 처음 사용됨
③ 알파고가 세계 바둑 챔피언을 이김
④ 인터넷이 발명됨

35. 스마트홈 기술에서 AI가 수행하지 않는 역할은 무엇인가?

① 에너지 소비의 최적화
② 비정상적 활동 모니터링 및 안내
③ 인터넷 검색을 통한 사용자의 식사 메뉴 결정
④ 음성 명령을 통해 조명, 온도, 미디어 재생 등의 제어

36. 다음 중 AI 개인비서가 제공하지 않는 기능은 무엇인가?

① 음성 인식을 통해 사용자의 명령을 파악하고 실행한다.
② 사용자의 일정을 관리하고, 약속 시간을 알려준다.
③ 스포츠 경기의 예상 스코어를 알려준다.
④ 날씨 예보 및 뉴스 업데이트 정보를 제공한다.

37. 다음 설명 중 머신러닝과 딥러닝의 차이점을 가장 잘못 설명한 것은?

① 딥러닝은 머신러닝의 한 분야이다.
② 머신러닝은 주어진 데이터를 스스로 학습하는 기술이다.
③ 딥러닝은 인간의 뇌와 같이 정보를 처리한다.
④ 딥러닝은 소량의 데이터로 가능하고, 머신러닝은 대규모 데이터가 필요하다.

38. 생성형AI에 대한 설명 중 가장 정확하지 않은 것은?

① 기존 데이터를 기반으로 새로운 데이터를 생성할 수 있다.

② 이미지, 텍스트 등 다양한 형태의 콘텐츠 생성에 활용된다.

③ 이용자와 상호작용 없이도 독립적으로 새로운 콘텐츠를 창작할 수 있다.

④ 특정 데이터를 학습하고, 이를 기반으로 새로운 정보나 콘텐츠를 생성한다.

39. 생성형AI 시스템의 특징과 기능에 관한 설명 중 가장 정확하지 않은 것은?

① ChatGPT는 대화형 서비스를 제공하는 AI 시스템이다.

② Bard는 구글에서 개발한 AI로, 사용자의 질문에 답변을 제공한다.

③ 클로바는 음성 인식과 음성 기반 명령 실행만 가능하다.

④ 텍스트 생성, 대화 수행, 콘텐츠 추천 등 다양한 기능이 있다.

40. AI가 문제를 해결하는 과정의 순서를 고르시오.

ㄱ. 문제 해결 방법 결정

ㄴ. 모델이 오답을 얘기할 경우 추가 학습 진행

ㄷ. 모델의 문제 해결 능력 확인

ㄹ. 문제 해결을 위한 정보 수집 및 정리

ㅁ. 결정한 문제 해결 방법을 실행할 수 있는 구조(=모델) 설정

ㅂ. 모델에게 문제 해결 방법 교육

① ㅁ-ㄹ-ㄱ-ㅂ-ㄷ-ㄴ

② ㄱ-ㄹ-ㅁ-ㅂ-ㄷ-ㄴ

③ ㅂ-ㅁ-ㄹ-ㄱ-ㄷ-ㄴ

④ ㄹ-ㄱ-ㅁ-ㅂ-ㄷ-ㄴ

<정답>

1	2	3	4	5	6	7	8	9	10
①	①	③	②	②	②	①	④	③	③
11	12	13	14	15	16	17	18	19	20
③	④	①	④	③	④	③	③	①	③
21	22	23	24	25	26	27	28	29	30
②	④	②	④	③	④	②	④	④	④
31	32	33	34	35	36	37	38	39	40
③	③	④	①	①	①	②	③	①	④

<해설>

문제 1. - ①
정답 해설 : 인공지능에 의지하는 습관에 종속될 가능성이 있다는 점은 인공지능의 단점으로 지적되고 있다.

문제 2. - ①
정답 해설 : 상상의 날개를 펴는 능력은 상상력으로 창의성에 있어 매우 중요하다.
연상 능력 - 어떤 정보의 일부를 입력하면 나머지 부분을 생각해 내거나 입력된 정보와 관련이 있는 정보를 생각해 내는 능력을 말한다.

문제 3. - ③
정답 해설 : 자율자동차에서의 물체인식 - 최근 들어 자율자동차에 대한 연구개발이 가속화되고 있으며, 머지않아 실용화될 전망이다. 자율자동차 기술에서는 물체의 정확한 인식과 거리 측정이 매우 중요하다. 병렬 주차의 경우에는 앞뒤에 주차된 차들과 부딪치지 않도록 끊임없이 물체 간의 거리를 측정하며 유의해야 한다.

문제 4. - ②
정답 해설 : 챗GPT는 미국 의사 면허 시험(USMLE, U.S. Medical Licensing Examination)의 세 파트를 모두 통과했다. 이는 대화형 인공지능 챗봇인 챗GPT가 인간의 건강을 책임질 정도로 더 똑똑해지고 있다는 것을 증명하고는 있으나, 미국 의사 면허 시험에 통과한 것은 서비스 적용 사례라고 볼 수는 없다.

문제 5. - ②
정답 해설 : 2018년 페이스북-케임브리지 분석 사건은 페이스북이 사용자 동의 없이 약 8천만 명의 사용자 프로필 데이터를 불법적으로 수집하여 정치 캠페인에 활용한 혐의로 기소되었다. 이 사건은 AI 기술 개발 및 활용 과정에서 개인정보 보호의 중요성을 강조한다.

문제 6. - ②
정답 해설 : 인류 문명의 시작은 대략 1만 년 전 부터이며, 600년 전에는 인쇄술의 발명이 있었다.

문제 7. - ①

정답 해설 : 창의성은 남과는 다른 생각과 아이디어를 통하여 새롭고 적절한 것을 만들어내는 능력이다.

문제 8. - ④

정답 해설 : 깃허브 코파일럿은 주석을 쓰면 자동으로 소스 코드를 작성해 준다.

문제 9. - ③

정답 해설 : 통합 기능형은 오픈 소스 플러그인 및 추가 모델 적용을 통한 이미지 생성을 의미한다.

문제 10. - ③

정답 해설 : Arnold and Toner가 2021년 작성한 CSET(Center for Security and Emerging Technology) Policy Brief 'AI Accidents: An Emerging Threat'에서 제시한 예측하지 못한 AI 사고가 발생하는 3가지 유형은 다음과 같다.
1. 강건성(robustness)의 실패: 시스템이 오작동을 일으킬 수 있는 비정상적이거나 예상하지 못한 입력(inputs)을 받을 때
2. 세밀성(specification)의 실패: 시스템이 설계자나 운영자가 의도한 것과 미묘하게 다른 것을 달성하려고 할 때
3. 확인성(assurance)의 실패: 운영 중에 시스템을 적절하게 모니터링하거나 통제할 수 없을 때
기밀성은 정보 보안 3요소 중 하나이다. 정보 보안 3요소는 기밀성(Confidentiality), 무결성(Integrity), 가용성(Availability)이다.

문제 11. - ③

정답 해설 : 인공지능 윤리는 공학윤리와 달리, 인간과 같은 수준의 윤리적인 가치가 해결되어야 궁극적으로 생산성과 이익이 확보될 수 있다는 방향성을 갖는다. 예를 들어, 데이터 편향성 등에 의해 비윤리적인 알고리즘이 개발되고 확산될 경우, 비윤리적인 알고리즘을 탑재한 인공지능 제품과 서비스의 수요가 증가하게 되고, 이에 따른 사회적 비용이 증가함에 따라 지속가능한 기술 및 산업 발전은 어려워질 것이다.

문제 12. - ④

정답 해설 : AI로 생명과학 데이터를 분석하고 패턴을 인식하여 새로운 바이오마커를 파악할 수 있다.
신약을 발견하고 개발하는 데 있어 가장 큰 돌파구는 방대하고 복잡한 데이터세트에 숨겨져 있는 경우가 많다. 머신러닝과 딥러닝 기술은 생명과학 데이터를 분석하고 패턴을 인식하여 새로운 바이오마커를 파악하는 데 매우 효과적일 수 있다. 이를 통해 바이오마커 분석의 효율성을 높이고 신약 개발 프로세스를 가속화하여 생명과학 회사들이 혁신적인 치료법을 더 빨리 발견하고 시장에 더 빨리 출시할 수 있게 된다.

문제 13. - ①

정답 해설 : 얼굴인식과 사물인식 기술은 신경망과 딥러닝 기술의 발전으로 인해 다양한 분야에서 점차 실용화 단계에 들어서고 있으며, 중국 베이징대에서는 인공지능 신입생 등록 시스템을 도입하여 얼굴인식기와 신분증 인증 시스템을 통해 간편하게 등록하여 사용하고 있다.

문제 14. - ④

정답 해설 : 날씨나 기온 등의 자연 환경 조건에 영향을 받지 않는다.

문제 15. - ③

정답 해설 : 챗GPT를 통해 텍스트 및 소스 코드를 빠르게 분석하여 취약점을 분석하거나, 해킹정보 습득이 가능하나 직접적인 악성코드 생성의 사례는 아니다.

문제 16. - ④

정답 해설 : 프롬프트 입력, 응답, 업로드 및 생성된 이미지 등 OpenAI의 서비스를 활용하면서 사용자가 제공한 데이터(사용자 컨텐츠)는 OpenAI의 서비스나 AI모델 개선에 활용할 수는 있으나, 악용에 대한 선제적 대응에 대한 설명은 아니다.

문제 17. - ③

정답 해설 : '이루다'의 사회적 약자와 소수자에 대한 혐오발언 문제는 인공지능의 학습 과정에서 나타난 알고리즘 편향성 문제와 연계된다. 인공지능 서비스가 윤리적 판단을 하고 말과 행동을 전달하기 위해서는 학습과정에서 적절한 데이터의 활용이 필요하다.

문제 18. - ③

정답 해설 : 챗GPT가 보안 업계에 위협으로 다가올 수 있는 주요 포인트는 다음과 같다.
1. 텍스트 창작력 및 알고리즘을 이용해 피싱 메일을 개량,
2. 사용자들이 봤을 때 신빙성이 높아 보이는 '가짜' 웹 사이트 를 생성,
3. 챗GPT를 통해 API 문서를 확인하여 API에 대한 정보를 추출하고 악의적으로 사용할 가능성 존재

문제 19. - ①

정답 해설 : 2020년 관계부처 합동으로 정의한 인공지능 윤리기준 3대 기본원칙은 '인간 존엄성', '사회의 공공선', '기술의 합목적성'이다. 3대 기본원칙을 실천하고 이행할 수 있도록 전 생애주기에 걸쳐 충족되어야 하는 10대 핵심 요건을 같이 제시하였고, 해당 설명은 10대 핵심 요건 중 '프라이버시 보호'에 해당한다.

문제 20. - ③

정답 해설 : 인공지능 연구 개발과 관련된 사항 중 연구 결과가 사회적 문제를 일으킬 가능성을 고려하면서 연구할 윤리로 표현되고 있다.

문제 21. - ②

정답 해설 : 2016년 마이크로소프트가 개발한 트위터 인공지능 챗봇 (　)가 인종 및 성차별 발언을 내보내는 소동이 있었다. 당시 (　)는 트위터상에 있는 편향된 데이터와 혐오 발언들을 습득하여 출시된 당일 문제 발언으로 큰 소동을 일으켰다. 마이크로소프트는 출시 하루 만에 공식적으로 사과하고 운영을 중단했다.

문제 22. - ④

정답 해설 : 편향 문제를 해결하기 위해서는 모두가 똑같이 AI을 사용할 수 있도록 해야 하고, AI을 만드는 사람들이 공정하게 생각하고 행동해야 하며, AI을 사용하는 사람들이 책임감 있게 사용해야 한다.

문제 23. - ②

정답 해설 : 국내에서도 유행이었던 AI 챗봇 '이루다'에서 은행 예금주 성명, 거주지 주소 등 개인정보 유출 문제가 제기되는 등 프라이버시 침해사고 발생하였다.

문제 24. - ④

정답 해설 : 해당 설명은 머신러닝에 대한 것이고, 딥러닝의 처리 시간은 경우에 따라 몇 주까지도 걸린다.

문제 25. - ③

정답 해설 : 3은 클라우드 컴퓨팅에 대한 설명이다.

문제 26. - ④

정답 해설 : 인공지능을 채용에 적용하는 것은 데이터 편향성과 알고리즘 공정성 등의 문제로 윤리적 규범과 가치 사이에서 논란의 대상이 되고 있다. 가장 잘 알려진 사례는 2018년 아마존의 인공지능 채용시스템의 성차별 문제인데, 지원자 서류 검토 과정에서 '남성 편향적'으로 지원자를 선별한 사례이다.

문제 27. - ②

정답 해설 : 1번, 3번, 4번은 딥러닝과 인공신경망에 대한 올바른 설명이다.
2번은 일반적인 소프트웨어에 대한 설명이며, 딥러닝 소프트웨어는 데이터를 통해 스스로 특징을 학습한다.

문제 28. - ④

정답 해설 : 4번은 AI 기술을 직접적으로 사용하는 시스템이 아니다.
1, 2, 3번은 모두 AI 기술을 사용하여 사용자에게 맞춤화된 서비스를 제공하는 시스템이다.

문제 29. - ④

정답 해설 : AI 기술과 무관한 컨베이어 벨트에 대한 설명이다.

문제 30. - ④

정답 해설 : AI 기술이 인간의 일자리를 빼앗아 실업률을 증가시킬 수 있다. AI 기술은 일부 인간의 일자리를 자동화할 수 있다. 이는 특정 분야에서 실업률 증가로 이어질 수 있다.

문제 31. - ③

정답 해설 : 3번은 이미지 생성형AI 서비스에 대한 설명이다.

문제 32. - ③

정답 해설 : 기술적 특이점(Technological Singularity)은 인공지능 기술이 인간 능력을 뛰어넘어 새로운 문명을 만들어 내는 미래의 시점을 말하며, 급격한 기술적 발달의 결과 제어가 어렵고 다시는 되돌릴 수 없을 정도의 인류 문명 변화를 가져올 가설적인 미래 시점이다. 미래학자들은 인간의 지능을 닮은 인공지능이 통제 불가능한 수준으로 발전되어 지능의 폭발(Intelligence Explosion)이 일어나는 이 현상이 다가올 것이라 예견하고 있다.

문제 33. - ④
정답 해설 : 모델 개발 과정에서 철저한 검증 및 평가를 실시해야 한다.

문제 34. - ①
정답 해설 : 알고리즘 편향은 개인정보 침해와 직접적인 관련이 없으며, AI 모델의 결과에 영향을 미치는 문제이다.

문제 35. - ①
정답 해설 : 사용자의 동의를 받아야 한다.

문제 36. - ①
정답 해설 : 1번은 딥러닝 기술이 아닌 데이터마이닝 기술을 사용한 사례이다. 2, 3, 4번은 모두 딥러닝 기술을 활용하여 문제를 해결하는 사례이다.

문제 37. - ②
정답 해설 : 네이버에서 만든 생성형AI로 2023년 8월 24일에 일반인에 공개되었다. 한국어를 잘하고 한국 문화와 역사에 대한 배경 지식이 엄청 많은 것이 장점이다. 네이버는 이 언어모델을 기반으로 챗GPT 같은 대화형 AI 서비스인 클로바X와 검색에 붙여 검색결과를 더 추천해 주는 생성형AI 검색 네이버 큐:(CUE:)의 베타서비스도 출시했다.

문제 38. - ③
정답 해설 : Midjourney는 이미지 생성 서비스이다.

문제 39. - ①
정답 해설 : 1번은 AI 변화 양상에 대한 틀린 설명이다. AI 기술 발전과 더불어 학습에 필요한 비용은 오히려 감소하고 있다. 2, 3, 4번은 AI 변화 양상에 대한 올바른 설명이다.

문제 40. - ④
정답 해설 : 딥페이크 기술은 AI을 사용하여 실제 사람의 목소리와 영상을 합성하는 기술이다. 딥페이크 기술 악용은 가짜 뉴스 제작, 허위 정보 유포, 명예 훼손 등의 문제를 야기할 수 있다.

<정답>

1	2	3	4	5	6	7	8	9	10
③	②	③	③	④	②	③	③	④	①
11	12	13	14	15	16	17	18	19	20
④	③	④	②	③	③	②	③	③	②
21	22	23	24	25	26	27	28	29	30
③	②	④	③	④	②	③	④	③	②
31	32	33	34	35	36	37	38	39	40
③	②	③	②	③	③	④	③	③	④

<해설>

문제 1. - ③
정답 해설 : 데이터베이스에 대한 설명이다.

문제 2. - ②
정답 해설 : 머신러닝은 다양한 방법으로 모델을 학습할 수 있다.
1번은 지도 학습, 2번은 편향성, 3번은 회귀 분석, 4번은 비지도 학습이다.
각 방법마다 장단점이 있고, 어떤 문제를 해결할 때 적합한지 다르다.

문제 3. - ③
정답 해설 : "AI 기반 주식 거래 시스템이 시장 분석을 완벽하게 수행"하는 것은 오류의 예시가 아니며, 실제로는 AI도 불완전한 정보와 예측 불가능성으로 인해 시장 분석에서 오류를 범할 수 있다.

문제 4. - ③
정답 해설 : AI 기술이 특정 직업을 대체하면서 일자리 변화를 가져올 것이며, 이러한 변화는 사회적, 경제적 측면에서 새로운 도전과 기회를 제시할 것이다.

문제 5. - ④
정답 해설 : 편향성에 대한 설명이다.

문제 6. - ②
정답 해설 : 복권 당첨번호는 확률에 따라 결정되기 때문에, AI으로도 정확하게 예측할 수 없다. 마치 동전 앞뒤를 맞추는 것과 같다.

문제 7. - ③
정답 해설 : "모든 인간의 직업이 AI에 의해 대체되어 인간의 노동이 필요 없게 될 것이다."라는 설명은 과도한 일반화로, AI 기술의 발전이 인간의 역할을 보조하고 향상시키는 형태로 진행될 것이라는 점에서 부적절하다.

문제 8. - ③
정답 해설 : 모든 AI 시스템에 대한 일률적인 규제 적용"은 AI 시스템의 다양성과 복잡성을 고려하지 않은 접근으로, 실제로는 각기 다른 용도와 기능을 가진 AI 시스템에 맞춤형 규제가 필요하다.

문제 9. - ④
정답 해설 : 4번 앨런 튜링은 에니그마 암호를 해독하고 튜링 테스트를 만든 인물이다.
1번, 2번, 3번 인물은 다른 분야에서 업적을 남긴 AI 역사의 다른 중요 인물이다.

문제 10. - ①
정답 해설 : 기계가 인간처럼 생각하고 행동할 수 있게 하는 기술이다.

문제 11. - ④
정답 해설 : AI 모델의 편향은 차별과 불공정한 결과를 초래할 수 있으므로, 편향된 모델 개발은 명백히 금지되어야 한다.

문제 12. - ③
정답 해설 : AI는 금융 분야에서 많은 변화를 가져왔지만, 모든 금융 거래가 AI에 의해 완전히 자동으로 처리되고 인간의 개입이 전혀 필요하지 않게 되었다는 설명은 과장되었다.

문제 13. - ④
정답 해설 : 추천 알고리즘을 통한 적절한 콘텐츠 제공은 사용자 경험을 향상시키기 위해 개인화된 정보를 활용하는 사례로, 자체적으로는 개인정보 침해의 구체적 사례로 간주되지 않는다.

문제 14. - ②
정답 해설 : "모든 사용자 데이터의 공개적 공유"는 개인정보 보호 원칙에 반하는 행위로, 사용자의 프라이버시를 심각하게 위협할 수 있으며, 데이터 보호 법률 및 규정에도 어긋나는 경우가 많다.

문제 15. - ③
정답 해설 : AI 기반 추천 시스템이 사용자의 구매 이력을 분석하여 맞춤형 광고를 제공하는 행위 자체는 개인정보 침해로 간주되지 않는다.

문제 16. - ③
정답 해설 : 개인 일기는 매우 주관적이고 개인적인 경험, 감정, 생각을 담은 문서로, AI가 개인의 내밀한 경험을 정확하게 이해하고 표현하기 어렵기 때문에 AI로 자동 생성하는 것이 부적절하다.

문제 17. - ②
정답 해설 : 모든 인공지능 생성 콘텐츠를 공공 도메인으로 처리"하는 조치는 실제로 저작권을 가진 개인이나 기관의 권리를 무시할 수 있으며, 모든 생성 콘텐츠를 일률적으로 공공 도메인에 속하게 하는 것은 창작자의 권리를 침해할 수 있다.

문제 18. - ③

정답 해설 : 데이터 과학은 복잡한 데이터로부터 유의미한 정보를 추출하고, 이를 통해 예측 모델을 생성하는 등의 작업을 포함한다.

문제 19. - ③

정답 해설 : 인공지능은 의료 분야에서 진료와 치료 과정에도 활발히 사용되고 있다. 예를 들어, 이미지 인식을 통한 질병 진단, 로봇 수술, 환자 모니터링 시스템 등 다양한 분야에서 AI가 중요한 역할을 하고 있다.

문제 20. - ②

정답 해설 : 온라인 쇼핑 사이트가 AI를 이용해 사용자의 검색 기록을 분석하고 개인화된 제품을 추천하는 행위는 사용자에게 더 나은 쇼핑 경험을 제공하기 위한 목적으로, 사용자의 동의를 바탕으로 이루어지는 경우 개인정보 침해로 간주되지 않는다.

문제 21. - ③

정답 해설 : 농작물 수확 예측 알고리즘의 정확도 향상은 인공지능 알고리즘을 활용하여 긍정적인 결과를 달성한 사례로, 윤리적 문제를 일으키지 않는다.

문제 22. - ②

정답 해설 : 개인정보 보호를 위해서는 데이터 암호화 기술의 적용, 정기적인 보안 감사 및 취약점 분석, 그리고 최소한의 데이터 수집 원칙을 준수하는 것이 중요하다. "사용자 동의 없는 데이터 수집 및 사용"은 개인정보 보호의 기본 원칙에 반하며, 오히려 개인정보 침해의 주된 원인 중 하나이다.

문제 23. - ④

정답 해설 : 빈칸에 들어갈 단어는 AI가 급격히 발전하여 인간의 지능을 능가하는 순간을 의미하는 단어여야 한다. 4번 "특이점"은 이 설명에 가장 적합한 단어이다.

문제 24. - ③

정답 해설 : 사용자의 의도와 상관없이 AI가 자율적으로 목표를 변경하는 경우는 인공 일반 지능(AI)에 가까운 상황으로, 현재 기술 수준에서는 매우 드문 경우이다.

문제 25. - ④

정답 해설 : 인공지능 시스템은 학습하는 데이터에 내재된 편향을 그대로 학습할 수 있고, 사용된 데이터가 편향되어 있으면, 그 결과로 생성되는 인공지능의 결정도 편향될 가능성이 높다. 이는 데이터에서 시작된 편향이 알고리즘에 의해 강화될 수 있음을 의미한다.

문제 26. - ②

정답 해설 : 인공지능 시스템의 편향성을 줄이는 가장 효과적인 방법 중 하나는 다양성이 반영된 데이터를 사용하여 시스템을 학습시키는 것이다

문제 27. - ③
정답 해설 : 인공지능 이미지 생성 기술은 다양한 범위의 이미지를 생성할 수 있으며, 이에는 실존하는 객체뿐만 아니라 상상의 객체, 추상적 개념, 예술 작품 등도 포함됩니다. AI는 사용자의 요구 사항과 세부 지침을 바탕으로 제품 디자인을 포함한 다양한 유형의 이미지를 창조적으로 생성할 수 있다.

문제 28. - ④
정답 해설 : AI 기술을 사용하여 기후 변화 문제 해결을 위한 새로운 에너지 개발은 윤리 침해 사례가 아니다.

문제 29. - ③
정답 해설 : "에너지 효율을 개선하기 위한 지능형 시스템 개발"은 인공지능 기술의 긍정적인 활용 사례이다.

문제 30. - ②
정답 해설 : 2번은 딥러닝에 대한 설명이며, 문제 설명과 일치한다.
1번, 3번, 4번은 다른 AI 기술에 대한 설명이다.

문제 31. - ③
정답 해설 : 강화학습, GPT 모델, 그리고 신경망은 모두 인공지능의 핵심 기술로, 자율주행 자동차, 자연어 처리, 실시간 번역 등 다양한 응용 분야에서 활용되고 있다. 반면, 블록체인 기술은 주로 데이터의 보안성과 투명성을 높이기 위해 사용되며, 인공지능 기술과는 직접적인 연관이 없다.

문제 32. - ②
정답 해설 : 고객의 취향에 맞는 광고 제공은 인공지능 시스템이 개인화된 서비스를 제공하는 일반적인 사용 사례이다.

문제 33. - ③
정답 해설 : AI의 적용으로 제조 산업에서 품질 검사, 공정 최적화, 예지 보전 등의 분야에서 큰 발전이 있었지만, AI가 인간 노동자를 전적으로 대체하여 모든 제조 공정을 담당한다는 설명은 현재 기술 발전 수준에서는 실현되지 않은 상황이다.

문제 34. - ②
정답 해설 : 다트머스 회의(Dartmouth Conference)에서 '인공지능'이라는 용어가 처음 사용되었다.

문제 35. - ③
정답 해설 : 인터넷 검색 결과를 바탕으로 사용자의 식사 메뉴를 결정하는 것은 AI가 스마트홈 기술에서 흔히 수행하는 역할이 아니며, 이는 주로 사용자의 개인적인 취향과 선택에 의해 결정되는 영역이다.

문제 36. - ③
정답 해설 : 불확실한 내용에 대해서는 알려주지 않는다.

문제 37. - ④

정답 해설 : 딥러닝은 실제로 대량의 데이터를 필요로 하며, 복잡한 계산을 수행하는 데 특화되어 있다. 이는 인공신경망이 데이터의 복잡한 패턴을 파악하고 이를 학습하기 위해 많은 데이터와 컴퓨팅 파워를 요구하기 때문이다. 반면, 머신러닝은 더 적은 데이터와 덜 복잡한 모델로도 효과적인 결과를 낼 수 있어, 비교적 소규모 데이터셋에도 적용 가능하다.

문제 38. - ③

정답 해설 : 생성형 인공지능은 기존 데이터에서 학습한 패턴을 기반으로 새로운 데이터를 생성하는 기술이다.

문제 39. - ③

정답 해설 : 클로바(Clova)는 네이버와 라인이 공동 개발한 AI 플랫폼으로, 단순히 음성 인식과 음성 기반 명령 실행에 국한되지 않고, 텍스트와 이미지 생성, 번역, 콘텐츠 추천 등 다양한 기능을 제공한다.

문제 40. - ④

정답 해설 : AI의 작동원리는 데이터를 입력으로 받아 처리하고, 이를 기반으로 패턴과 특징을 학습하여 문제를 해결하거나 예측하는데 사용된다.

1. Bishop, C. M. (2006). Pattern Recognition and Machine Learning. Springer.

2. Brynjolfsson, E., & McAfee, A. (2014). The Second Machine Age : Work, Progress, and Prosperity in a Time of Brilliant Technologies. W.W. Norton & Company.

3. Chesney, R., & Citron, D. (2019). Deepfakes and the New Disinformation War : The Coming Age of Post-Truth Geopolitics. Foreign Affairs.

4. Creemers, R. (2017). China's Social Credit System : An Evolving Practice of Control. SSRN.

5. Domingos, P. (2015). The Master Algorithm : How the Quest for the Ultimate Learning Machine Will Remake Our World. Basic Books.

6. Dreyfus, H. L. (1972). What Computers Can't Do. MIT Press.

7. Feigenbaum, E. A., & McCorduck, P. (1983). The Fifth Generation : Artificial Intelligence and Japan's Computer Challenge to the World. Addison-Wesley.

8. Goodfellow, I., Bengio, Y., & Courville, A. (2016). Deep Learning. MIT Press.

9. Haugeland, J. (1985). Artificial Intelligence : The Very Idea. MIT Press.

10. Jordan, M. I., & Mitchell, T. M. (2015). Machine Learning : Trends, Perspectives, and Prospects. Science, 349(6245), 255-260.

11. Jurafsky, D., & Martin, J. H. (2020). Speech and Language Processing. Pearson.

12. LeCun, Y., Bengio, Y., & Hinton, G. (2015). Deep Learning. Nature, 521(7553), 436-444.

13. McCarthy, J., Minsky, M. L., Rochester, N., & Shannon, C. E. (1955). A Proposal for the Dartmouth Summer Research Project on Artificial Intelligence.

14. McClelland, J. L., & Rumelhart, D. E. (1986). Parallel Distributed Processing : Explorations in the Microstructure of Cognition. MIT Press.

15. Mendis, S. (2019). AI and Copyright : Protecting Creativity in the Age of Artificial Intelligence. Oxford University Press.

16. Mitchell, T. M. (1997). Machine Learning. McGraw-Hill.

17. Murphy, K. P. (2012). Machine Learning : A Probabilistic Perspective. MIT Press.

18. Nilsson, N. J. (2010). The Quest for Artificial Intelligence. Cambridge University Press.

19. O'Neil, C. (2016). Weapons of Math Destruction : How Big Data Increases Inequality and Threatens Democracy. Crown Publishing Group.

20. Reddy, S. K., & Reddy, S. S. (2020). AI and Privacy : Balancing Innovation and Regulation. Computer Law & Security Review, 36, 105-120.

21. Ribeiro, M. T., Singh, S., & Guestrin, C. (2016). "Why Should I Trust You?" : Explaining the Predictions of Any Classifier. Proceedings of the 22nd ACM SIGKDD International Conference on Knowledge Discovery and Data Mining.

22. Russell, S., & Norvig, P. (2016). Artificial Intelligence : A Modern Approach. Pearson.

23. Sharkey, N. (2010). Saying 'No!' to Lethal Autonomous Targeting. Journal of Military Ethics, 9(4), 369–383.

24. Solove, D. J. (2008). Understanding Privacy. Harvard University Press.

25. Sutton, R. S., & Barto, A. G. (2018). Reinforcement Learning : An Introduction. MIT Press.

26. Turing, A. M. (1950). Computing Machinery and Intelligence. Mind, 59(236), 433–460.

27. Weizenbaum, J. (1966). ELIZA – A Computer Program for the Study of Natural Language Communication between Man and Machine. Communications of the ACM.

28. Winston, P. H. (1992). Artificial Intelligence. Addison-Wesley.

29. Zarsky, T. Z. (2016). Incompatible : The GDPR in the Age of Big Data. Seton Hall Law Review, 47(4), 995–1020.

30. https://wiki.pathmind.com/generative-adversarial-network-gan

한국정보통신진흥협회 인증 수험서

AI활용능력 - AI상식

발 행 일   2024년 7월

저   자   정화민·이재혁·양석원

발 행 인   최영무

발 행 처   (주)명진씨앤피

등   록   2004년 4월 23일 제2004-000036호

주   소   서울시 영등포구 경인로 82길 3-4 616호

전   화   편집·구입문의 : (02)2164-3005

팩   스   (02)2164-3020

가   격   18,000원

ISBN 979-11-94048-05-3 (63550)